风电机组运行技术与综合实验

主　编　郭　瑞
参　编　龙家林
主　审　殷孝雎

北京理工大学出版社
BEIJING INSTITUTE OF TECHNOLOGY PRESS

内容简介

本书介绍了风电机组运行中最重要的几个系统，包括风电机组变桨控制系统、风电机组主传动链及振动监测系统、风电机组液压制动系统和风电机组主控系统。本书在理论基础上依托沈阳工程学院与沈阳华人风电科技有限公司共同开发的一整套风电实验系统，以实验项目的形式对各系统进行了较为详尽的模拟操作与实验结果分析，以方便读者从理论到实践、从抽象到具体对整个风电机组运行技术有较好的掌握。

本书可作为各高等院校、高等职业院校风电相关专业及新能源相关专业"风电场运维"课程的教材，也可作为风电场运维技术的培训教材，还可以供从事风电场运维的技术人员学习参考。

版权专有　侵权必究

图书在版编目（CIP）数据

风电机组运行技术与综合实验/郭瑞主编. —北京：北京理工大学出版社，2019.7（2021.8 重印）

ISBN 978 – 7 – 5682 – 7312 – 1

Ⅰ．①风… Ⅱ．①郭… Ⅲ．①风力发电机 – 发电机组 – 运行②风力发电机 – 发电机组 – 实验 Ⅳ．①TM315

中国版本图书馆 CIP 数据核字（2019）第 150774 号

出版发行 /	北京理工大学出版社有限责任公司
社　　址 /	北京市海淀区中关村南大街 5 号
邮　　编 /	100081
电　　话 /	（010）68914775（总编室）
	（010）82562903（教材售后服务热线）
	（010）68948351（其他图书服务热线）
网　　址 /	http：//www.bitpress.com.cn
经　　销 /	全国各地新华书店
印　　刷 /	北京虎彩文化传播有限公司
开　　本 /	710 毫米 × 1000 毫米　1/16
印　　张 /	9
字　　数 /	212 千字
版　　次 /	2019 年 6 月第 1 版　2021 年 8 月第 2 次印刷
定　　价 /	29.00 元

责任编辑 /	钟　博
文案编辑 /	钟　博
责任校对 /	周瑞红
责任印制 /	李志强

图书出现印装质量问题，请拨打售后服务热线，本社负责调换

前 言

本书基于风电机组经典机型运行过程编写而成，主要内容包括变桨控制系统、液压制动系统、偏航系统、主控系统的运行维护及故障分析等。本书的主要目的是培养学生风电场运行与维护岗位的职业能力、实践动手能力、解决实际问题的能力，通过本书的学习使学生具备风力发电运行检修员的素质和能力。

本书包括 26 个实验项目，内容侧重实践，操作性较强，能够从行业现状、企业的实际需求对学生提出技能要求。

本书由沈阳工程学院郭瑞任主编，并负责全书的统稿工作；殷孝雎任主审。来自华人风电科技有限公司的具有丰富的实践经验的龙家林老师参加了编写。

书中部分内容的编写参考了有关文献，编者对所有参考文献的作者表示感谢。由于编者水平和时间有限，书中必定有不少疏漏和不足之处，恳请读者批评指正。

编 者

目 录

第1章 风电机组变桨控制系统 · 1
- 1.1 风电机组控制系统的组成 · 2
- 1.2 风电机组变桨控制系统的作用 · 5
- 1.3 实验1：变桨系统的组成结构认知 · 7
- 1.4 实验2：维护模式手动变桨实验 · 17
- 1.5 实验3：运行模式手动变桨实验 · 24
- 1.6 实验4：运行模式自动变桨实验 · 26
- 1.7 实验5：后备电源测试 · 31
- 1.8 实验6：电网故障紧急顺桨实验 · 36
- 1.9 实验7：安全链紧急顺桨实验 · 39
- 1.10 实验8：变桨控制系统通信故障实验 · 44
- 1.11 实验9：变桨控制系统 PID 控制实验 · 49
- 1.12 实验10：变桨控制系统调试实训 · 53

第2章 风电机组主传动链及振动监测系统 · 57
- 2.1 概述 · 57
- 2.2 实验1：偏航系统实验 · 57
- 2.3 实验2：发电机发电实验 · 65
- 2.4 实验3：液压系统实验 · 68
- 2.5 实验4：安全链停机实验 · 72
- 2.6 实验5：主传动链振动监测实验 · 74
- 2.7 实验6：传动链平衡性监测实验 · 82
- 2.8 实验7：振源二作用下实验台状态监测实验 · 85

第3章 风电机组液压制动系统实验装置 · 88
- 3.1 概述 · 88
- 3.2 风电机组液压制动系统的原理 · 88
- 3.3 实验1：液压变桨控制实验 · 91
- 3.4 实验2：溢流阀调压实验 · 98

3.5 实验3：电磁换向阀换向回路实验 …………………………………… 101
3.6 实验4：液控单向阀保压实验 …………………………………… 103
3.7 实验5：电磁球阀控制实验 …………………………………… 105
3.8 实验6：蓄能器实验 …………………………………… 108
3.9 实验7：压力继电器控制实验 …………………………………… 111
3.10 实验8：液压制动器实验 …………………………………… 113
3.11 实验9：变桨液压缸实验 …………………………………… 116

第4章 风电机组主控系统 …………………………………… 119
4.1 概述 …………………………………… 119
4.2 操作面板 …………………………………… 120
4.3 人机界面 …………………………………… 123

参考文献 …………………………………………………………… 136

第 1 章

风电机组变桨控制系统

无论何种风力发电形式，在风力发电系统中的主要设备都是风力发电机组。一些早期专业资料将整个风力发电机组设备称为风力机或者风轮机（Wind Turbine），现在通用的名称为风力发电机组，简称为风电机组。实际上从能量转换的角度来说，风电机组由风力机和发电机两个部分组成。风力机主要指风轮部分，其作用是将风能转换为旋转机械能。发电机在风力发电过程中起着将机械能转换为电能的重要作用，通过对发电机的控制可以实现对机组转速、发电功率（包括有功功率和无功功率）的调节。

风能是一种能量密度低、稳定性差的能源。风速、风向随机变化，导致风电机组的效率和功率的波动，并使传动力矩产生振荡，影响电能质量和电网稳定性。定桨距失速调节型风力机是利用桨叶翼型本身的失速特性，即风速高于额定风速时，气流的攻角增大到失速条件，使桨叶表面产生气流分离，降低效率，从而达到限制功率的目的。其优点是调节可靠、控制简单；其缺点是桨叶等主部件受力大，输出功率随风速的变化而变化。

变桨距调节型风力机是通过变桨距调节，使风轮机叶片的桨距角随风速而变化，气流的攻角在风速变化时可保持在一个比较合理的范围内，从而有可能在很大的风速范围内保持较好的空气动力学特性，获得较高的效率。特别在风速大于额定风速的条件下，变桨距机构发生作用，调节叶片攻角，仍可保持输出功率的平稳。变桨距风力机的起动风速较定桨距风力机的起动风速低，停机时传动机械的冲击应力相对缓和。变桨距风电机组具有结构轻巧、变速性能良好和运输起吊难度小等优点，因此是大容量风电机组的发展方向。

从空气动力学的角度考虑，当风速过高时，只有通过调整桨叶桨距，改变气流对叶片的攻角，从而改变风电机组获得的空气动力转矩，以使功率输出保持稳定。同时，风力机在启动过程中也需要通过变距来获得足够的启动转矩。因此，最初研制的风电机组都被设计成可以全桨叶变距的。但由于一开始设计人员对风电机组的运行工况认识不足，所设计的变桨距系统的可靠性远不能满足风电机组正常运行的要求，灾难性的飞车事故不断发生，变桨距风电机组迟迟未能进入商业化运行。所以当失速型桨叶的启动性能得到改进时，人们便纷纷放弃变桨距机构而采用定桨距风轮，以至于后来商品化的风电机组大都是定桨距失速控制的。经过十多年的实践，设计人员对风电机组的运行工况和各种受力状态已有了深入的了解，不再满足于仅仅提高风电机组运行的可靠性，而开始追求不断优化的输出功率曲线，采用变桨距机构的风电机组可使桨叶和整机的受力状况大为改善，这对大型风电机组的总体设计十分有利。进入 20 世纪 90 年代以后，变桨距控制系统又重新受到了设计人员的重视。目前已有多种型号的变桨距 600 kW 级风电机组进入市场。其中较为成功的有丹麦 Vestas 的 V30/42/V44 - 600 kW 风电机组和美国 Zand 的 Z - 40 - 600 kW 风电机组。从今后的发展趋势看，大型风电机组将会普遍采用变桨技术。

发电机通过与变桨控制系统的协调，可以使风电机组处于最佳运行状态，即在低于额定风速时实现对风能的最大捕获；在高于额定风速时实现在额定功率下运行，并保证在风速出现波动时输出电功率的稳定。由于风速具有不可控性，为了使风电机组在低于额定风速范围内保持较高的效率，一般希望风电机组能够变速运行。由于风力机输出功率与风轮转矩及转速的乘积成正比，因此对于某个风速，转速不同则功率不同。对于不同的风速，只有一个转速使功率达到最大值，如果通过控制使风电机组在该转速下运行，机组的效率将达到最大。在大型风电机组中，不同形式的发电机的转速可调节范围有很大差别。例如，异步发电机转速的调节范围较小（1%~3%），双馈式发电机的转速调节范围较大（±25%）。因此，双馈式发电机较异步发电机有更高的发电效率。

1.1 风电机组控制系统的组成

风电机组控制系统主要包括两大组成部分：主控系统和变桨控制系统。主控系统主要是控制整台风力机的运转，而变桨控制系统则是专门针对不同的工况对桨叶进行精确的控制，主要目的是控制桨叶的旋转速度、位置，使风力机在风速合适时正常发电，在风速过大时安全收桨。

1.1.1 变桨控制系统

变桨控制系统可以控制叶片相对于旋转平面的位置和角度。小型风力机一般没有专门的变桨机构，在风速过高时必须依靠失速来调节转速。变桨控制系统使风机在低风速时即可获得电能，在风速大于额定风速时截获到固定大小的风能。控制桨距角的方法不止一种，但各种方法都需要对叶片角度进行控制。变桨控制系统通过持续监测风速和发电机出力，调节叶片的桨距角。当风速高于额定风速时，叶片桨距角大幅增加以改变攻角，诱导失速。

变桨执行机构在轮毂的前部，在轮毂和叶片的根部，齿轮将二者连接。外侧电动机通过齿轮或者带齿传动带对变桨进行操控。外侧电动机及变桨控制系统的其他部分都在轮毂内，并随之传动。

随着风力发电技术的迅速发展，风电机组正从恒速恒频向变速恒频、从定桨距向变桨距的方向发展。变桨距风电机组具有捕获风能、输出功率平稳、机组受力小等优点，已成为当前风电机组的主流机型。变桨距控制，随着风速的变化调节桨叶节距角，稳定发电机的输出功率。

在并网过程中，变桨距控制还可实现快速无冲击并网，而紧急关机时，变桨距机构调节桨叶节距角为90°，使桨叶逆桨，风轮转速降低，减小对风力机负载的冲击，延长系统寿命。变桨控制系统与变速恒频技术配合，最终提高了整个风力发电系统的发电效率和电能质量。变桨控制研究对变速恒频风电机组的研制有着重要的意义。

变桨控制系统的驱动方式一般可以分为两种，一种是电机驱动，称为电动变桨距系统；另一种是液压驱动，称为液压变桨距系统。

1.1.2 电动变桨距系统

电动变桨距系统的3个叶片分别装有独立的变桨距系统，主要包括回转支撑、减速机装置和伺服电动机及其驱动器等。减速机装置固定在轮毂内，叶片安装在回转支撑的内环上，回转支撑的外环则固定在轮毂上。当电动变桨距系统上电后，伺服电动机带动减速机装置的输出轴小齿轮旋转，而小齿轮又与回转支撑的内环啮合，从而带动回转支撑的内环与叶片起旋转，实现变桨距的目的。这样通过RS-485通信控制驱动器驱动伺服电动机就可实现同步变桨和准确定位。

电动变桨距系统由变桨控制器、伺服驱动器和备用电源系统组成。其能够实现3个桨叶独立变桨距，给风电机组提供功率输出和足够的刹车制动能力，从而避免过载对风机的破坏。因为在风轮旋转过程中处于高处的叶片受到的空气动力和处于低处的叶片受到的空气动力是不一样的，也就是说风速随着高度有所变化，这就要求3个叶片具有不同的桨距角进行独立控制。当停机时，可以先将桨距角调整到90°的位置以提供足够的刹车制动能力，从而提高机组的可靠性和安全性，有效防止风轮超速造成灾难性的后果。电动变桨距系统结构简单、控制精度高、响应速度快。

电动变桨距系统的每个桨叶配有独立的执行机构，伺服电动机连接减速箱，通过主动齿轮与桨叶轮齿内的齿圈相连，带动桨叶进行转动，实现对桨距角的直接控制。

如果电动变桨距系统出现故障，控制电源断电，伺服电动机由备用电源系统供电，在15 s内将桨叶紧急调节为顺桨位置。在备用电源系统的电量耗尽时，继电器节点断开，原来由电磁力吸合的制动齿轮弹出，制动桨叶，保持桨叶处于顺桨位置。在轮毂内齿圈边上还装有一个接近开关，起限位作用。在风力机正常工作时，继电器上电，电磁铁吸合制动齿轮，不起制动作用，使桨叶能够正常转动。

电机变桨距执行机构利用电动机对桨叶进行单独控制，由于其机构紧凑、可靠，不像液压变桨距机构那样传动结构相对复杂，存在非线性、泄漏、卡涩时有发生，所以得到许多生产厂家的青睐。但其动态特性相对较差，有较大的惯性（特别是对于大功率风力机），而且电动机本身如果连续频繁地调节桨叶，将产生过量的热负荷使电动机损坏。

1.1.3 液压变桨距系统

液压变桨距系统执行风力机的变桨距和制动操作，实现风电机组的转速控制、功率控制和开关机。定桨距风电机组的液压系统实际上是制动系统的驱动机构，主要用来执行风力机的开关机指令。它通常由两个压力保持回路组成，一路通过蓄能器供给叶尖扰流器，另一路通过蓄能器供给机械刹车机构。这两个回路的工作任务是使机组运行时制动机构始终保持压力。当需要停机时，两回路中的常开电磁阀先后失电，叶尖扰流器一路压力油被泄回油箱，气动刹车动作。稍后，机械刹车一路压力油进入刹车液压缸，驱动刹车夹钳，使风轮停止转动。在两个回路中各装有两个压力传感器，用来指示系统压力，控制液压泵站补油和确定刹车机构的状态。

液压变桨距系统采用液压缸作为原动机，通过一套曲柄滑动结构同步驱动3个桨叶变桨距。变桨距机构主要由推动杆、支撑杆、导套、防转装置、同步盘、短转轴、连杆、长转轴、偏心盘、桨叶、法兰等部件组成。变桨距控制系统根据当前风速算出桨叶的桨距角调节信号，液压系统根据指令驱动液压缸，液压缸带动推动杆、同步盘运动，同步盘通过短转轴、连杆、长转轴推动偏心盘转动，偏心盘带动桨叶进行变桨距。

液压变桨距执行机构的桨叶通过机械连杆机构与液压缸相连，桨距角同液压缸位移成正比。当桨距角减小时，液压缸活塞杆向右移动，有杆腔进油；当桨距角增大时，活塞杆向左移动，无杆腔进油。液压系统的桨距控制是通过电液比例阀实现的，电液比例阀的控制电压与液压缸的位移变化成正比，利用油缸设置的位移传感器，利用PID调节进行液压缸位置闭环控制。为提高顺桨速度，变桨距执行机构不仅引入差动回路，还利用蓄能器为系统保压。当系统出现故障断电，紧急关机时，立即断开电源，液压泵紧急关闭，由蓄能器提供油压使桨叶顺桨。

液压执行机构通过液压系统推动桨叶转动，改变桨叶节距角。该机构以其响应频率高、扭矩大、便于集中布置和集成化等优点在目前的变桨距机构中占有主要的地位，特别适合使用大型风力机的场合。国外著名的风力机厂——丹麦的Vestas、德国的Dewind、Repower等都采用液压变桨距方式，目前美国研制的最大容量的风力机也采用液压执行机构。

2MW变桨控制系统实验台由变桨轴承、变桨电机和驱动器、后备电源、支架、控制柜、操作台等组成。本实验台以工作过程为导向，系统地再现了变桨系统的原理、工作流程及控制方式。本书所涉及的实验包括变桨系统调试、手动变桨、变桨位置控制、自动变桨、PID参数整定等，并模拟电网故障、安全链触发、通信故障等。

实验设计紧扣新能源专业课程体系，本着循序渐进的原则，由浅入深。认真完成本书中所列实验，有助于更好地理解变桨系统的组成、结构、工作方式、控制技术等专业知识，掌握变桨的调试、维护、故障判断和处理等技能。

1.2 风电机组变桨控制系统的作用

风电机组的变桨控制是根据当前风速和发电机转速调整桨叶的桨距角，从而调节风电机组的输出功率，保证风电机组在各种工作情况下（起动、正常运转、停机）按最佳参数运行，实现并网过程的快速无冲击性，并通过空气动力制动的方式使风力机安全停机。其控制策略分为两部分：在额定风速以下时，通过对变流器的控制，改变发电机的电磁转矩，控制风轮转速，使叶尖速比保持在最大利用系数对应值附近，从而保证风力机在低风速区的最大风能捕获；在额定风速以上，通过调节桨叶的桨距角，降低风轮的气动转矩，与发电机的电磁转矩保持平衡，从而保持发电机输出功率在额定值附近。

变桨控制系统的主要功能是根据控制系统合成的变桨速度和位置指令驱动各个桨叶转动到指定桨距角位置从而实现功率调节。除此以外，变桨控制系统应能建立与风电机组控制系统的通信，能在与控制系统的联系出现故障或者变桨驱动器故障的情况下执行安全的顺桨停机，能对自身的运行状况进行监控，能对后备电源进行充放电和状态监测。

1. 功率调节

变桨距风电机组的功率调节不完全依靠叶片的空气动力学性能。在额定输出功率以下时，控制器将叶片桨距角保持在0°附近。此时，变桨距风电机组相当于定桨距风电机组，发电机的功率根据叶片的空气动力学性能随风速的变化而变化。当超过额定输出功率时，变桨距机构开始工作，调整叶片桨距角，将发电机的输出功率控制在额定值附近。

变桨距风电机组与定桨距风电机组相比，在相同的额定输出功率时，变桨距风电机组的额定风速比定桨距风电机组低。定桨距风电机组在低风速阶段的风能利用系数较高。当风速接近额定值时，风能利用系数开始大幅下降。这是因为随着风速的升高，输出功率上升趋于平缓，而超过额定值后，桨叶开始失速，风速升高，输出功率反而有所下降。对于变桨距风电机组，由于桨叶桨距可以控制，无须担心风速超过额定值后的功率控制问题，使在额定输出功率时仍然具有较高的风能利用系数。

2. 启动与制动

变桨距风电机组在低风速时，变桨控制系统可以驱动桨叶到合适的角度，使风轮具有较大的起动力矩，从而使变桨距风电机组比定桨距风电机组更容易启动。

当风速超过风力发电机的切出风速时，变桨控制系统驱动桨叶减少风轮吸收功率，在发电机与电网断开之前，功率减小至零，实现风电机组安全脱离电网。这意味着当发电机与电网脱开时，没有大的转矩作用于风电机组，避免了在定桨距风电机组上每次脱网时所要经历的突甩负载的过程，从而实现风机的安全制动。

3. 变桨控制系统的组成

变桨控制系统的组成如图1-1所示，风力机正常运行时所有部件随轮毂以一定速度旋转。风力机的叶片（根部）通过变桨轴承与轮毂相连，每个叶片都配有相对独立的变桨驱动系统。变桨驱动系统通过一个小齿轮与变桨轴承内齿啮合联动。变桨控制系统依据主控制器发出的指令，精确控制每个叶片的角度位置。出于安全和高效考虑，每个叶片配备独立的变桨控制器。变桨控制器（包括嵌入式PID和变频器）、变桨电动机、角度传感器和编码器构成两套闭环控制，用于连续监测和调整变桨电机的转速和叶片的角度位置，同时还要考虑叶片外部受力动态变化的影响。各个叶片的变桨控制器共用一条通信链路，因此当变桨控制器发出指令时，所有叶片将同步变桨。在安装和维护过程中，变桨控制器也可以通过操作面板或手操盒进行手动控制。

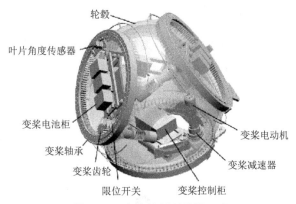

图 1-1 变桨控制系统的组成

变桨控制器连续监测通信状态、电动机温度、电动机电流、外部电源、限位开关、电动机制动器等许多变量，同时还实时比对来自各个传感器的速度信号和角度信号，一旦发现被监测对象出现问题，变桨控制器将立即动作，自动顺桨至安全停机位置（以 91°为例），以保证机组安全停机，同时通报其他叶片的变桨控制器，使其也顺桨至安全停机位置。如果变桨通信中断或主控系统失效，所有变桨控制器也将立即顺桨至安全停机位置。即便主电源失效，变桨电池或超级电容也能够提供不间断电源，使所有叶片顺桨至安全停机位置。

变桨控制器包含不同级别的多个控制环，其中最主要的两个分别是基于当前桨距角控制电动机转速的 PID 控制环，以及用于简化变频器控制并提高低速运行控制精度的电动机控制环。除了手动速度控制模式外，一般变桨控制系统都采用 PID 控制环，而电动机控制环则根据需求选择开、闭环。禁用编码器对电动机控制环的开、闭环没有任何影响，但在某些特殊情况下，变桨控制器内部的安全系统会强制开环电动机控制环。

1.3 实验 1：变桨系统的组成结构认知

1.3.1 实验目的

（1）掌握（电动）变桨控制系统的基本组成结构。
（2）理解（电动）变桨控制系统各组成部分的作用。

1.3.2 对应知识点

变桨控制系统的基本组成包括变桨轴承、减速机和驱动装置三个部分。图1-2所示是采用内齿圈变桨轴承的电动变桨控制系统轮毂结构,在风轮轮毂圆周上安装有3个变桨轴承,变桨轴承外圈使用螺栓固定在轮毂上,变桨轴承内圈与变桨减速机输出端的小齿轮啮合,叶片使用螺栓与变桨轴承内圈连接。当变桨电动机转动时,推动变桨轴承内圈转动,从而带动叶片转动,即可改变桨距角。

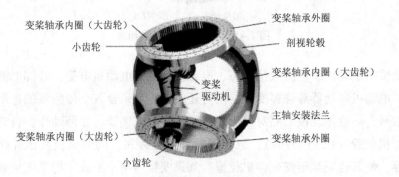

图1-2 电动变桨控制系统轮毂结构

1. 变桨轴承

变桨轴承由外圈、内圈、滚子与保持架组成,内齿四点接触球轴承剖面图如图1-3所示,滚子采用球形滚子,其滚道与普通轴承有所不同。

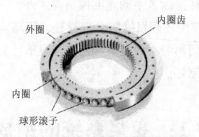

图1-3 内齿四点接触球轴承剖面图

轴承内圈与外圈的滚道采用桃形截面(图1-4),当无载荷或纯径向载荷作用时,钢球与内、外圈滚道呈现为四点接触(图中点表示接触位置),故称四点接触球轴承。

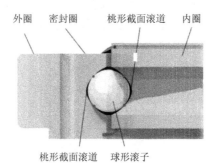

图 1-4 四点接触球轴承滚道剖面图

当轴向载荷或倾覆力矩作用时，钢球和内、外圈滚道就变成两点接触。四点接触球轴承多用于轴向载荷大，同时倾覆力矩大的场合，因此广泛应用于风电变桨轴承。由于其轴承直径较大，而轴承厚度相对直径较小，因此也被称为转盘轴承。

上述转盘轴承只有一排滚子，称为单排四点接触球轴承，本实验台采用的就是这种轴承。对于叶片载荷较大的情况，变桨轴承多采用双排四点接触球轴承，图 1-5 所示为从两个不同角度拍摄的照片。

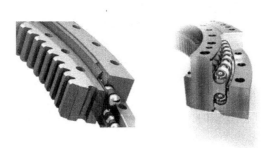

图 1-5 双排四点接触球轴承剖面图（不同角度）

2. 减速机

变桨减速机多为行星齿轮减速机，采用硬齿面齿轮传递功率，通过行星齿轮传动达到所需转速，具有结构紧凑、减速比大、承载能力高、寿命长、噪声低、密封性好等特点。

行星齿轮由多个圆柱齿轮组成，包括 1 个齿圈（内齿轮）、3 个行星轮（外齿轮）、1 个太阳轮（内齿轮）、行星架，太阳轮与齿圈共一轴线，3 个行星轮的轴固定在行星架上，行星架的轴线与太阳轮轴线重合，如图 1-6 所示。行星齿轮与齿圈是内啮合传动，行星轮与太阳轮是外啮合传动，行星轮既可绕自己的轴线旋转，又可随着行星架一起绕行星架轴线旋转，即行星齿轮既有自转又有公转。通过固定行星架、齿圈、太阳轮之中的任一个，就可得到不同的传动变比。

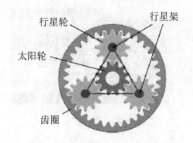

图 1-6　行星齿轮结构示意 (1)

图 1-7~图 1-11 详细介绍了一个单级行星齿轮箱的结构与组成。其中，图 1-7 所示是行星架的结构，行星架呈盘状，盘上固定 3 个轴，按 120°分布，相互平行。行星架的转轴安装在轴承内，转轴的另一端是低速轴，连接变桨小齿轮。

图 1-7　行星架的结构

3 个行星轮安装到行星架的 3 个行星齿轮轴上，如图 1-8 所示，每个行星轮可绕自己的轴自由旋转。

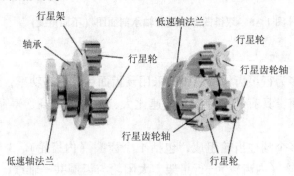

图 1-8　行星齿轮结构示意 (2)

把行星架通过轴承安装到行星齿轮箱前端盖（行星齿轮机座）内，并在前端盖内圈安装齿圈，齿圈有内齿，能与行星轮很好地啮合，当行星架转动时，行星轮沿齿圈内圆齿滚动，如图 1-9 所示。

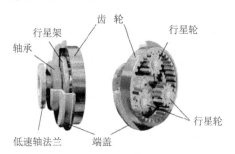

图 1-9　行星齿圈结构

太阳轮的轴是高速端输出轴，把太阳轮放入行星轮中间，太阳轮的齿可与所有行星轮的齿很好地啮合，如图 1-10 所示。

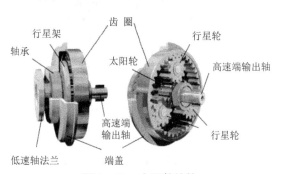

图 1-10　太阳轮结构

把后端盖与前端盖合拢安装，在后端盖中间有轴承，用来安装太阳轮的轴（高速端输出轴），如图 1-11 所示。一个单级行星齿轮箱模型组装完毕。

图 1-11　高速轴结构

3. 驱动装置

1）变桨电动机

在变桨控制系统中，可采用的电动机主要有 4 种：有刷直流电动机、无刷直流电动机、异步电动机和永磁同步电动机。

（1）有刷直流电动机。

有刷直流电动机由定子（静止部分）和转子（旋转部分）两大部分组成，如图 1-12 所示。定子用于安装磁极和电刷，并作为机械支撑，包含主磁极、换向极、电刷装置和机座等。转子又称为电枢，包含电枢铁芯、电枢绕组和换向器等。

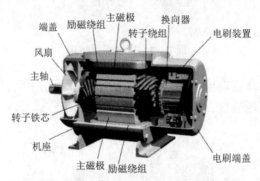

图 1-12　有刷直流电动机结构

主磁极用于产生气隙磁场，一般由励磁绕组通以直流电流来建立磁场。主磁极由冲压制作的硅钢片叠成，在主磁极上套有定子励磁绕组。换向极用于改善电动机换向，由铁芯和套在上面的绕组构成，安装在两相邻主极之间。机座的主体是极间磁通路径的一部分，称为磁轭，由导磁良好的钢材制成。转子铁芯又称电枢铁芯，用来构成磁通路径并嵌置电枢绕组。电枢绕组用来感应电动势，通过电流并产生电磁力矩或电磁转矩，是电动机能够实现机电能量转换的核心部件。电枢绕组由多个用绝缘导线绕制的线圈连接而成，各线圈以一定规律与换向器焊接。换向器用于将电枢绕组内的交流电动势用机械换接的方法转换为电刷间的直流电动势。换向器由多个彼此绝缘的换向片构成。电刷装置有两个作用：一是将转动的电枢与外电路相连，使电流经过电刷进入电枢；二是与换向器配合作用获得直流电压。电刷装置由电刷、刷握、刷杆和汇流条等零件构成。

（2）异步电动机。

异步电动机又称感应电动机，主要由固定不动的定子和旋转的转子两部分组成，定子与转子之间有气隙，在定子两端有端盖支撑转子，其结构如图 1-13 所示。

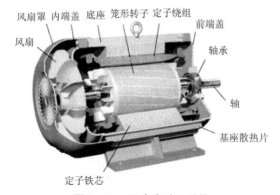

图 1-13 异步电动机结构

异步电动机的定子由定子铁芯、定子绕组和基座三部分构成。定子铁芯作为电动机磁路的一部分，采用导磁性能良好硅钢片叠成，其内圆均匀冲制有若干个形状相同的槽，用来嵌置定子绕组。定子铁芯固定在基座上，机座外面有散热筋（散热片）帮助定子散热，基座由铸铁或铸钢铸造。

异步电动机的转子由转子铁芯、转子绕组和转轴构成。转子铁芯外周的许多槽用来嵌放转子绕组，采用在转子铁芯上直接浇铸熔化的铝液形成笼形转子，在转子槽内直接形成铝条即绕组，并同时铸出散热的风叶，简单又结实。基座装上端盖后，转子与定子与定子绕组都密封在基座内，能很好地防尘。定子与转子产生的热量由基座外壳散热，笼形转子上的风叶搅动机内空气使热量尽快传到外壳上，外壳上的散热片加大了散热面积。在电动机端盖外还装有风扇罩，风扇罩端部开有通风孔，风扇旋转时就像离心风机，空气从风扇罩端部进入，从风扇罩与端盖之间的空隙吹出，吹向基座上的散热片，大大加速了电动机的散热。

（3）无刷直流电动机

有刷直流电动机的工作基于通电导体在磁场中受力的原理，而无刷直流电动机的工作原理则不同，它是靠定子磁场与转子磁场间的作用力拉动转子转动的。定子的基本结构类似交流三相电机，3 个线圈绕组由电子开关元件按规律接通直流电源形成旋转磁场，从而拉动转子旋转。

A、B、C 三组线圈的连接方式也与交流电动机的三相线圈一样，有星形接法与三角形接法。星形接法在无刷直流电动机中应用较多，由换向器中 6 个开关晶体管组成的桥式电路切换通过 3 个线圈的电流。

图 1-14 演示开关晶体管如何控制产生旋转的磁场，图中标注的"A+""B+""C+"表示相应线圈与电源正极接通，"A-""B-""C-"表示相应

线圈与电源负极接通。

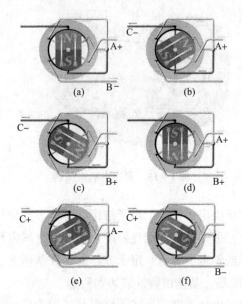

图 1-14　无刷直流电动机原理

(a) 磁场转动方向 0°；(b) 磁场转动方向 60°；(c) 磁场转动方向 120°；
(d) 磁场转动方向 180°；(e) 磁场转动方向 240°；(f) 磁场转动方向 300°

当开关管 BG1 与 BG5 导通时，电流由 A 组线圈进 B 组线圈出，两个线圈形成的合成磁场方向向上，规定此时的磁场方向为 0°，转子旋转角度为 0°。当开关管 BG1 与 BG6 导通时，电流由 A 组线圈进 C 组线圈出，形成的磁场方向顺时针转到 60°，转子也随之转到 60°。当转子转到 60°，开关管 BG2 与 BG6 导通时，电流由 B 组线圈进 C 组线圈出，形成的磁场方向顺时针转到 120°，转子也随之转到 120°。当转子转到 120°，开关管 BG2 与 BG4 导通时，电流由 B 组线圈进 C 组线圈出，形成的磁场方向顺时针转到 180°，转子也随之转到 180°。当转子转到 180°，开关管 BG3 与 BG4 导通时，电流由 C 组线圈进 A 组线圈出，形成的磁场方向顺时针转到 240°，转子也随之转到 240°。当转子转到 240°，开关管 BG3 与 BG5 导通时，电流由 C 组线圈进 B 组线圈出，形成的磁场方向顺时针转到 300°，转子也随之转到 300°。

(4) 永磁同步电动机。

永磁同步电动机的定子结构与工作原理与交流异步电动机一样，但转子上安装了永磁体磁极，永磁体磁极嵌装在转子铁芯表面，称为表面嵌入式永磁转子。

永磁同步电动机转子的结构如图 1-15 所示。

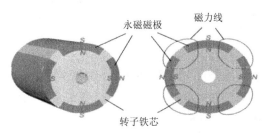

图 1-15　永磁同步电动机转子的结构

永磁同步电动机的转子惯量大，磁场旋转快，静止的转子无法跟随磁场启动旋转，因此不能直接接通三相交流的启动。永磁同步电动机的电源采用变频器提供，启动时变频器输出频率从 0 开始连续上升到工作频率，电动机转速则跟随变频器输出频率同步上升，改变变频器输出频率即可改变电动机转速。

异步电动机结构简单、可靠性高，但体积稍大，适用于环境条件恶劣、设备不易维护且控制精度要求稍低的场合；无刷直流电动机和永磁同步电动机功率密度大、体积小、控制精度高，非常适合对安装空间有严格要求的场合。

直流电动机结构简单、控制性能好，在变桨控制系统上取得了广泛应用。但是直流电动机的电刷和换向器不仅降低了电动机的可靠性，也增加了电动机的长度，对在轮毂这种狭小空间内的安装使用造成了不利影响。矢量控制技术解决了交流电动机在伺服驱动中的动态控制问题，使交流伺服驱动系统的性能可与直流伺服驱动系统媲美，而且总体成本更低。

2）伺服驱动器

伺服驱动器位于轮毂内，由控制器和变频器组成，电源以及通信链路通过滑环与机舱内的风力机控制系统相连。变桨控制系统正常工作时由三相交流电源为伺服驱动器供电，为系统提供变桨动力。系统采用双闭环控制，通过伺服驱动器内置的两组 PID 调节器对电动机速度和桨叶角度进行控制。一个 PID 调节器利用与电动机同轴的旋转光电编码器的反馈值控制伺服驱动器的速度和输出力矩，对伺服驱动器进行空间矢量控制，以保证良好的动态响应以及足够的机械特性硬度，使桨叶角度不受强劲变化的风力影响。另一个 PID 调节器利用与桨叶同步旋转的角度编码器的反馈值来控制桨叶的旋转角度，保证桨叶的定位精度。

通过公用通信数据链，在变桨距主控制器的监督下，3 组桨叶能够实现高性能的同步机制，以保证桨叶角度能够严格同步。变桨控制器通过公用通信数据链对电动机温度、电源情况、限位开关及电动机刹车状态等多项参数进行监视，一且出现故障立即将桨叶转动到安全位置（90°）。

1.3.3 实验步骤

1. 实验准备

（1）断开变桨实验操作台主电源断路器，避免误操作造成人员及设备损害。

（2）使变桨控制柜、变桨电池柜（3个）、变桨实验操作台的柜门均处于关闭且落锁状态，避免直接接触柜内设备。

2. 操作步骤

（1）逐一观察变桨控制系统传动机构的各组成部分，如变桨电动机、变桨减速机、变桨小齿轮、变桨轴承及其内圈等，理解变桨控制系统如何驱动叶片完成变桨动作。

（2）在表1-1中记录变桨电动机额定转速、减速机变速比、变桨小齿轮齿数、变桨轴承内圈齿数等参数，计算变桨控制系统额定变桨速率。

（3）观察变桨轴承上附带的变桨角度刻度盘，理解变桨控制系统在开/关桨过程中桨距角的实际变化情况。

（4）观察变桨电动机编码器、叶片角度传感器、-5°限位开关、90°限位开关和100°限位开关等变桨角度测量源，结合步骤（1）的观察结果，绘制变桨控制系统结构拓扑图。

3. 注意事项

（1）在近距离观察变桨控制系统传动机构时，严禁闭合实验台总电源，以免变桨控制系统发生误动作，造成人身伤害。

（2）严禁插拔变桨控制柜和变桨电池柜的任何电气插头，以免发生触电，造成人身伤害。

（3）注意勿将硬物遗落在变桨轴承内圈上，以免对齿圈和齿轮造成损坏。

4. 数据分析

（1）根据实验内容，自行绘制变桨控制系统结构拓扑图。

（2）总结电动变桨控制系统的主要组成部件及其作用，完成表1-1。

表1-1 变桨控制系统组成列表

名称	作用
变桨轴承	
变桨减速机	
变桨电动机	

续表

名称	作用
伺服驱动器	
变桨电池	
叶片角度传感器	
变桨电动机编码器	
-5°限位开关	
90°限位开关	
100°限位开关	

(3) 计算实验中涉及的变桨控制系统的额定变桨速率,完成表 1-2。

表 1-2 额定变桨速率计算

项目	单位	数值
变桨电动机额定转速	r/min	
变桨减速机变速比	—	
变桨小齿轮齿数	—	
变桨轴承内圈齿数	—	
变桨速率	r/min	

1.3.4 思考题

(1) 变桨控制系统共有几个角度测量源?它们之间存在怎样的关系?
(2) 变桨控制系统通过什么装置与机舱控制柜实现电气连接?

1.4 实验 2:维护模式手动变桨实验

1.4.1 实验目的

(1) 理解变桨控制系统在维护模式下如何实现手动变桨功能。
(2) 理解变桨控制系统速度控制模式的工作原理。

1.4.2 对应知识点

1. 变桨控制系统的工作模式

变桨控制系统共有 5 种工作模式，包括启动模式、运行模式、维护模式、紧急顺桨模式和安全停机模式。

（1）启动模式：在重新上电之后，变桨控制系统进入启动模式，将自动进行初始化操作，包括内部检测和外部传感器校对（如变桨电动机编码器和叶片角度传感器运行状态检查）。启动模式仅是一个过渡模式，无论检测有无故障，变桨控制系统最终都将进入安全停机模式。

（2）运行模式：在该模式下，变桨控制系统通过通信总线接收来自变桨主控制器的变桨指令，并根据指令设定的位置和速度，驱动变桨电动机，带动叶片到达相应目标位置。对于同步变桨，变桨主控制器通过广播的形式向 3 个变桨驱动器发送同样的指令，而对于独立变桨，变桨主控制器分别向 3 个变桨驱动器发送各自的变桨指令。一旦变桨控制系统发生故障，将立即切换至紧急顺桨模式，驱动叶片快速顺桨至安全停机位置。在此过程中，变桨控制系统不接收变桨主控制器的控制指令（包括故障复位指令），直至触发安全停机位置限位开关（即 90°限位开关），变桨控制系统才停止运行，并进入安全停机模式。

（3）维护模式：在该模式下，操作人员通过手操盒或者驱动器操作面板手动控制变桨控制系统。一旦发生故障，变桨控制系统直接进入安全停机模式，叶片保持在当前位置，只有当故障消除且接收到复位指令时，变桨控制系统才恢复至维护模式。为了满足维护调试的需要，变桨控制系统在维护模式下可以驱动叶片至任何位置，不受限位开关、编码器等设备的约束，因此只有具备维护资质的人员才可以在维护模式下手动操作变桨控制系统，以免对设备造成损坏。

（4）紧急顺桨模式：在该模式下，变桨控制系统接替变桨主控制器的控制权限，并迅速顺桨至安全停机位置。只有当安全停机位置限位开关触发或者操作人员触发维护开关时，变桨控制系统才会退出紧急顺桨模式。

（5）安全停机模式：在该模式下，变桨电动机始终停止运行。只有在全部故障复位之后，变桨电动机才能继续运行。在恢复运行之前，变桨控制系统会预留一定延时，检查是否仍有故障重新激活。一旦发现任何故障重新激活，变桨控制系统将继续保持在安全停机模式。

2. 伺服控制模式

变桨控制系统包含多个不同等级的控制环，由内至外分别是电流环、速度环、位置环。

1）电流环

最内侧的电动机控制就是电流环，此环完全在变桨驱动器内部进行，通过霍尔装置检测驱动器给电动机各相的输出电流，负反馈给电流设定值进行闭环调节，从而使输出电流尽量接近设定电流。电流环实际就是控制电机转矩，所以驱动器的运算量最小，动态响应最快，尤其适合在低速运行时提高控制精度。

2）速度环

速度环通过检测电动机编码器的信号来进行负反馈 PID 调节，其环内 PID 输出直接作为电流环的设定，所以速度环控制包含速度环和电流环。换言之，任何模式都必须使用电流环，电流环是伺服控制的根本，在速度和位置控制的同时，系统实际也在进行电流（转矩）的控制，以达到对速度和位置的相应控制。

3）位置环

位置环作为最外环，可以在驱动器和电动机编码器间构建，也可以在外部控制器和电动机编码器或叶片角度传感器间构建，要根据实际情况来定。由于位置控制环内部输出作为速度环的设定，因此位置控制模式下系统需要进行所有控制环的运算，此时系统运算量最大，动态响应速度也最小。

变桨控制系统基于上述多种控制环，在实际运行和维护中，采用以下两种控制模式实现变桨调节：

(1) 速度控制模式：

在变桨控制系统维护或调试过程中，手操盒连接在变桨驱动器的模拟量输入端，通过调节旋钮改变 0～10 V 电压信号，从而实现对变桨速度的控制。此时，变桨驱动器无须电动机编码器测量电机速度，而是由其内部根据变桨电动机参数自动生成的电动机模型，计算得出当前电动机的运行速度。因此，在使用速度控制模式之前，必须将电动机基本参数准确地输入到变桨驱动器内。

(2) 位置控制模式：

变桨控制系统通过总线通信接收来自变桨主控制器的位置指令（即变桨角度设定值），与电动机编码器实际测量的角度进行比较，角度偏差作为 PID 控制器的输入，经过 PID 调节和限值处理，得出变桨速度。叶片角度位置越接近目标值，变桨速度越小，直至到达目标位置，变桨速度为零，即停止在该角度位置。

1.4.3 实验步骤

1）实验准备

(1) 依次闭合变桨实验操作台主电源、24V DC 电源、插座电源、电网供电等开关。

(2) 变桨控制系统急停开关和安全链急停开关均处于"释放"状态，且安全链已复位,即安全链故障指示灯已熄灭。

(3) 单击变桨实验操作台电脑电源按键启动电脑,登录实验监控系统,单击屏幕上的"实验项目"按钮进入实验监控界面,如图1-16所示。

(4) 通过故障状态查看变桨控制系统是否存在故障,若显示"故障",则需要单击"故障复位"按钮 。若故障无法复位,需进入实验项目,单击"警告故障"按钮 ,通过"警告故障"子菜单查看变桨控制系统当前触发的具体故障信息(绿色表示正常,红色表示故障),逐一消除故障源后单击"故障复位"按钮 进行故障复位。

图1-16 实验项目选择界面

(5) 通过变桨电机编码器角度值 和变桨冗余编码器角度值 比较变桨电机编码器与冗余编码器的反馈值是否一致,若差值超过允许范围(±1°),则需要进行编码器校对。具体步骤如下:

①通过"变桨维护"开关切换至维护状态。

②使用"手动变桨"按钮和"变桨速度调节"旋钮将叶片旋转至80°左右（具体角度值可以通过变桨冗余编码器角度值 或者变桨轴承角度刻度板读取）。

③单击"编码器校对"按钮 （按钮呈绿色），再次使用"手动变桨"按钮和"变桨速度调节"旋钮将叶片向90°方向旋转，直至触发90°限位开关（即"90°限位开关"指示灯亮起）。

④通过变桨电机编码器角度值和变桨冗余编码器角度值比较变桨电机编码器与冗余编码器的反馈值是否一致，若差值在允许范围之内（±1°），则编码器校对完成，再次单击"编码器校对"按钮 （按钮恢复原色）。

⑤将变桨实验操作台面板上的"维护/运行"选择开关旋转至"维护"。

⑥单击 选项卡，选择"维护模式手动变桨实验"选项，进入维护模式手动变桨实验界面，如图1-17所示。

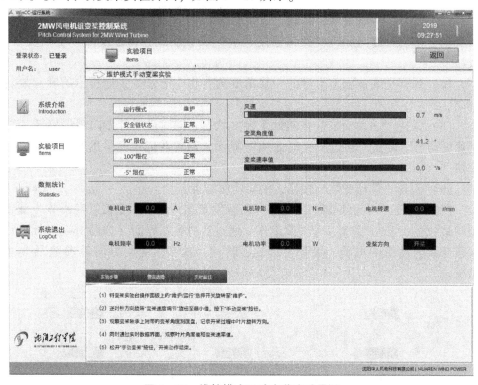

图1-17 维护模式手动变桨实验界面

2）操作步骤

（1）将变桨实验操作台面板上的"维护/运行"选择开关旋转至"维护"。

（2）逆时针方向旋转"变桨速度调节"旋钮至最小值，按下"手动变桨"按钮。

（3）观察变桨轴承上附带的变桨角度刻度盘，记录开桨过程中的叶片旋转方向。

（4）保持"手动变桨"按钮处于触发状态，同时顺时针方向缓慢旋转"变桨速度调节"旋钮，单击 实时曲线 按钮，进入"维护模式手动变桨实验"实时曲线子菜单，观察并记录变桨角度值和变桨速率值，如图1-18所示。

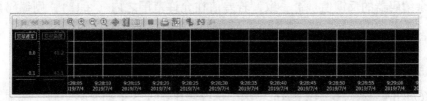

图1-18　"维护模式手动变桨实验"实时曲线

（5）松开"手动变桨"按钮，开桨动作结束。

（6）顺时针方向旋转"变桨速度调节"旋钮至最大值，按下"手动变桨"按钮。

（7）观察变桨轴承上附带的变桨角度刻度盘，记录关桨过程中的叶片旋转方向。

（8）保持"手动变桨"按钮处于触发状态，同时逆时针方向缓慢旋转"变桨速度调节"旋钮，通过"实时曲线"界面，观察并记录变桨角度值和变桨速率值。

（9）松开"手动变桨"按钮，关桨动作结束。

（10）按下"手动变桨"按钮并保持触发状态，使用"变桨速度调节"旋钮控制桨叶在0°~90°重复、开关桨动作，通过实时数据界面（如图1-19所示），观察变桨电动机的电流、频率、转矩、转速、功率、变桨方向等参数的变化情况。

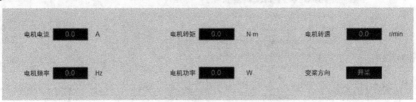

图1-19　"维护模式手动变桨实验"实时数据界面

（11）松开"手动变桨"按钮，实验结束。

3）注意事项

维护模式手动变桨过程中，变桨角度值应控制在0°~90°范围内，以免桨距角超出编码器量程，导致反馈值与实际位置不一致。

4）数据分析

（1）将实验数据填入表1-3，并根据实验测量数据，绘制维护模式手动变桨过程中桨距角随变桨速度指令的变化曲线，总结变桨速度控制模式工作原理。

表1-3 维护模式手动变桨实验数据

记录时间	变桨速率/[(°)·s^{-1}]	变桨角度值/(°)
实验结论		

（2）在变桨回转支撑截面图上（如图1-20所示），绘制桨叶完全开桨状态，并根据风速方向标注风轮旋转方向。

图1-20 变桨回转支撑截面图

1.4.4 思考题

（1）维护模式手动变桨采用速度控制模式还是位置控制模式？如何实现该控制模式下的变桨动作？

（2）在实际风电机组上，何时需要采用维护模式手动变桨？

1.5 实验3：运行模式手动变桨实验

1.5.1 实验目的

（1）理解变桨控制系统在运行模式下如何实现手动变桨功能。
（2）理解变桨控制系统位置控制模式的工作原理。

1.5.2 实验步骤

1. 实验准备

（1）详见实验2中的步骤（1）~（5）。
（2）将变桨实验操作台面板上的"维护/运行"选择开关旋转至"运行"。
（3）单击 [2.运行模式手动变桨实验] 选项卡，进入运行模式手动变桨实验界面，如图1-21所示。

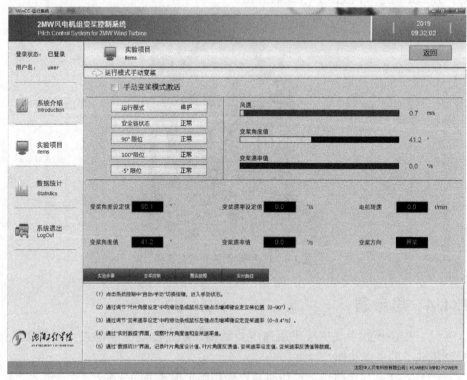

图1-21 运行模式手动变桨实验界面

2. 操作步骤

(1) 勾选"手动变桨模式激活"复选框,激活手动变桨模式。

(2) 单击"实验步骤"选项卡,进入"运行模式手动变桨实验"菜单,调节"变桨角度设定"滑动条或用鼠标左键单击增减键,设定变桨位置(0°~90°);调节"变桨速率设定"滑动条或用鼠标左键单击增减键设定变桨速率(0~8.4°/s),如图1-22所示。

图1-22 "运行模式手动变桨实验"变桨控制

(3) 通过实时数据界面,观察变桨角度设定值、变桨角度值、变桨速率设定值、变桨速率值、电机转速和变桨方向等数据,如图1-23所示。

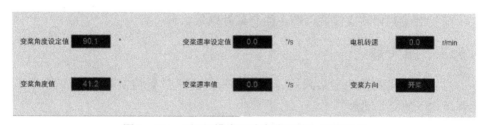

图1-23 "运行模式手动变桨实验"实时数据

(4) 单击"实时曲线"选项卡,进入"运行模式手动变桨实验"菜单,记录变桨角度设定值、变桨角度值、变桨速率设定值、变桨速率值等数据,如图1-24所示。

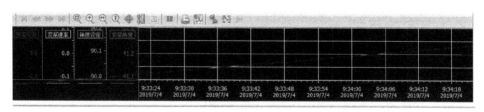

图1-24 "运行模式手动变桨实验"实时曲线

(5) 将"变桨角度设定"恢复至90°,待叶片到达安全停机位置后(即90°),将"变桨速率设定"恢复至0°/s。

1.5.3　注意事项

在实验过程中,人员切勿靠近变桨轴承,以免旋转机械对人身造成伤害。

1.5.4　数据分析

(1) 将实验数据填入表1-4中,并根据实验测量数据,绘制运行模式手动变桨过程中桨距角随变桨位置指令的变化曲线,总结变桨位置控制模式工作原理。

表1-4　运行模式手动变桨实验数据

记录时间	变桨角度设定值/(°)	变桨角度反馈值/(°)
实验结论		

(2) 在变桨回转支撑截面图上绘制桨叶顺桨状态。

1.5.5　思考题

(1) 运行模式手动变桨采用速度控制模式还是位置控制模式?如何实现该控制模式下的变桨动作?

(2) 通过数据统计采集变桨数据,分析变桨电动机的加、减速过程。

1.6　实验4：运行模式自动变桨实验

1.6.1　实验目的

(1) 理解风电机组在不同风速下的各个运行区域,以及在各个运行区域内变桨控制系统的不同工作状态。

(2) 理解切入风速、额定风速、切出风速的概念。

1.6.2　对应知识点

变桨控制系统的控制方式多种多样,有功率控制、转速控制、风速控制、风能利用系数控制等。按风力机运行区间段的不同,分别选取各不相同的控制方式。风力机的额定功率是风力机运行区域的分界点,而功率 P 与风速 v 的 3 次方成正比,故风力机在额定功率下对应的风速为额定风速 v_n。因此,以切入风速 v_{in}、额定风速 v_n、切出风速 v_{out} 为分界点,可将风力机变桨控制运行区间划分为切入风速以下区域、切入风速与额定风速之间区域、额定风速与切出风速之间区域和切出风速以上区域。

1. 风速处于切入风速以下区域（$v < v_{in}$）

此时风速未达到风力机运行的最低要求,风力机处于停机状态。此时的桨距角 $\beta = 90°$,风力机叶片处于顺桨位,叶片不受气流的旋转力矩。

2. 风速处于切入风速与额定风速之间区域（$v_{in} < v < v_n$）

当风速处于切入风速与额定风速之间区域时,风力机开始运行。由风能利用系数特性曲线可知,应将桨距角由 90°迅速变化至 0°（最优桨距角）,让风力机获得最大的风能,此时风力机的风轮转速随风速的变化而变化,功率也随发电机转速的变化而变化,风力机控制策略是时刻寻求最佳叶尖速比 λ。当桨距角固定在 0°时,风力机的模式可看作变速定桨距模式,直接把叶尖速比 λ 作为控制目标是不现实的,由于叶尖速比 λ 与风轮转速和风速有关,风轮转速与发电机转速相关,故可根据风力机功率与风力机转速和风速的关系追踪发电机最大输出功率,通过控制转速来获取最大功率。

图 1-25 所示是风力机功率与风力机转速在不同风速下的特性曲线。在同一转速的情况下,随着风速 v_1 到风速 v_7 依次增大,风能越来越大,风力机的输出功率越来越大;在同一风速的情况下,随着转速的提高,风力机的输出功率先增大后减小,且存在最优转速时,有最大风力机功率点,将不同风速下的最大功率点连接起来即风力机功率的最优曲线。风力机运行状态分析如下:假定此时风力机状态处于 A 点,风速突然增加到 v_2,则风力机状态点从 A 点突变到 A' 点,A' 点显然不是风力机功率曲线在风速 v_2 下的最大点,故需要提高转速,使风力机从 A' 点逐渐运行到 B 点。由此类推,当风速从 v_2 变化到 v_3 时,增大转速,使风机从 B 点运行到 C 点,通过功率与转速的最优曲线来时时调节风力机的运行状态,使风力机最大限度地输出功率,即达到与调节风能利用系数 C_p 相同的效果。

3. 风速处于额定风速与切出风速之间区域（$v_n < v < v_{out}$）

当风速处于额定风速与切出风速之间区域时,由于功率和风速的 3 次方成正比,故风力机的输出功率大于额定功率,如果不加控制,风力机会超负荷运转,风轮承受载荷会急剧增大,与风力机后连接的变流器也会超功率运行,故必须将风力机输出功率控制在额定功率附近。由风能利用系数 C_p 特性曲线可知,改变桨距角 β 可以控制风力机的功率。

功率控制的给定参考值是风力机的额定功率,参考值与实际功率值比较得到

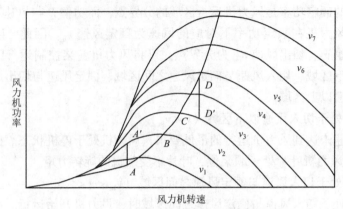

图1-25 风电机组运行区域划分

的差值作为变桨控制器的输入信号,当实际功率大于额定功率时,桨距角增大,反之,桨距角减小,以此控制风力机的输出功率。

从能量的角度分析,可以进一步说明变桨控制的原理。气流通过风轮的总能量 E 包括3个部分:风轮动能 E_M、风力机输出电能 E_E 和风力机桨叶损失动能 E_P,其他机械损失和电耗损失不计,则有

$$E_M = E_E + E_P \tag{1-1}$$

$$\Delta E = \Delta E_M + \Delta E_E + \Delta E_P \tag{1-2}$$

风速提高时,气流通过风轮的总能量 E 增大,若风轮转速提高,则风轮动能 E_M 必然增大,且导致风力机输出功率 E_E 增大。欲使风力机输出功率 E_E 稳定在额定功率附近,可以调节桨距角,使桨叶的迎风面增加,这样风力机桨叶损失动能 E_P 也随之增大。当风力机桨叶损失动能的变化量 ΔE_P 与气流通过风轮风能的变化量 ΔE 相等时,便可保证风力机输出电能 ΔE_E 近似为0,即通过对桨距角的控制,可以实现风力机输出功率稳定在额定功率的目的。

4. 风速处于切出风速以上区域($v > v_{out}$)

当风速超过切出风速时,为确保风力机安全运行,应立即切换至停机模式,桨距角 β 迅速变化至90°,依靠气动制动作用,使风轮快速停止旋转。

1.6.3 实验步骤

1. 实验准备

(1) 详见实验2的步骤(1)~(5)。

(2) 将变桨实验操作台面板上的"维护/运行"选择开关旋转至"运行"。

(3) 单击"运行模式自动变桨实验"选项卡,进入运行模式自动变桨实验

界面，如图 1-26 所示。

（4）将操作面板上的"风速调节"旋钮逆时针旋转至尽头。

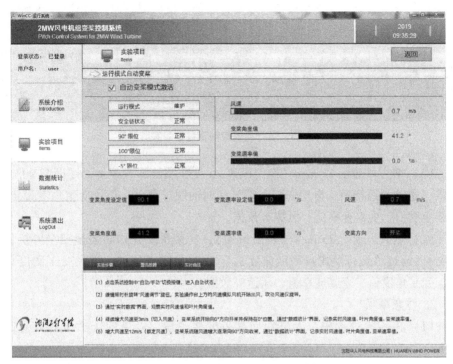

图 1-26 运行模式自动变桨实验界面

2. 操作步骤

（1）勾选"自动变桨模式激活"复选框，激活自动变桨模式。

（2）顺时针缓慢旋转"风速调节"旋钮，实验操作台上方的风速模拟风力机开始出风，吹动风速仪旋转。

（3）通过实时数据界面，观察变桨角度设定值、变桨角度值、变桨速率设定值、变桨速率值、风速和变桨方向等数据，如图 1-27 所示。

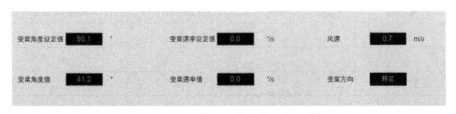

图 1-27 运行模式自动变桨实验实时数据

(4) 继续增大风速至 3 m/s（切入风速），变桨系统开始向 0°方向开桨并保持在 0°位置，单击"实时曲线"选项卡，进入运行模式自动变桨实验界面，记录变桨角度设定值、变桨角度值、变桨速率值、风速等数据，如图 1–28 所示。

图 1–28　运行模式自动变桨实验实时曲线

(5) 增大风速至 12 m/s（额定风速），变桨系统随风速增大逐渐向 90°方向收桨，通过"运行模式自动变桨实验"实时曲线子菜单，记录变桨角度设定值、变桨角度值、变桨速率值、风速等数据。

(6) 增大风速至 25 m/s（切出风速），变桨系统开始顺桨至安全停机位置（90°），通过"运行模式自动变桨实验"实时曲线子菜单，记录变桨角度设定值、变桨角度值、变桨速率值、风速等数据。

3. 注意事项

(1) 在实验过程中，人员切勿靠近变桨轴承，以免旋转机械对人身造成伤害。

(2) 在实验过程中，切勿用手靠近或触碰轴流风力机及风速仪，以免造成人身伤害。

1.6.4　数据分析

(1) 在表 1–5 中记录实验数据。根据实验测量数据，绘制运行模式自动变桨过程中桨距角随风速的变化曲线，总结变桨控制系统的几种工作区域。

表 1–5　运行模式自动变桨实验数据

记录时间	风速/ (m·s^{-1})	变桨角度设定值/ (°)	变桨角度反馈值/ (°)
实验结论			

(2) 通过实验数据分析该实验操作台所模拟的风电机组的切入风速、额定风速和切出风速分别是多少。

1.6.5 思考题

（1）风电机组运行区域内各个阶段之间的切换条件分别是什么？
（2）变桨控制系统在风电机组不同的运行阶段分别是如何工作的？
（3）当风速低于切入风速或高于切出风速时，风电机组将分别执行什么动作？

1.7 实验5：后备电源测试

1.7.1 实验目的

理解变桨控制系统后备电源的工作原理。

1.7.2 对应知识点

变桨控制系统在电网故障时采用后备电源提供动力，完成安全停机。目前MW级风电机组采用的后备电源主要有两种：铅酸蓄电池和超级电容。

如图1-29所示，铅酸蓄电池在放电时，正极的活性物质二氧化铅和负极的活性物质金属铅都与硫酸电解液反应，生成硫酸铅，在电化学上把这种反应叫作"双硫酸盐化反应"。

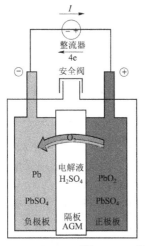

图1-29 铅酸蓄电池的工作原理及外形

在蓄电池刚放电结束时，正、负极活性物质转化成的硫酸铅是一种结构疏松、晶体细密的结晶物，活性程度非常高。在蓄电池充电过程中，正、负极上疏松细密的硫酸铅，在外界充电电流的作用下会重新还原成二氧化铅和金属铅，蓄电池又处于充足电的状态。正是这种可逆转的电化学反应，使蓄电池实现了储存电能和释放电能的功能。

如图1-30所示，超级电容充电时，当外电压加到超级电容器的两个极板上时，与普通电容器一样，正极板存储正电荷，负极板存储负电荷，在超级电容器两个极板上的电荷产生的电场作用下，电解液与电极间的界面上形成相反的电荷，以平衡电解液的内电场，正电荷与负电荷吸附在两个极板上。放电时，正、负极板上的电荷被外电路泄放，当两极板间的电势低于电解液的氧化还原电极电位时，电解液界面上的电荷相应减少，但不会脱离电解液。由此可以看出：超级电容器的充、放电过程始终是物理过程，没有化学反应，因此性能较稳定，与利用化学反应的蓄电池不同。

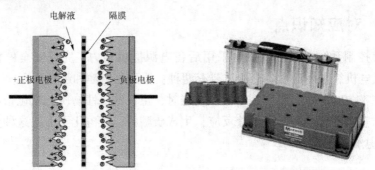

图1-30 超级电容的工作原理及外形

铅酸蓄电池与超级电容的优、缺点对比如表1-6所示。

表1-6 铅酸蓄电池与超级电容的优、缺点对比

名称	优点	缺点
铅酸蓄电池	（1）单体电压高、能量密度高，适当的重量和体积能带来较大的能量输出 （2）在额定充、放电倍率，使用次数和循环寿命较长 （3）采用无害和环保材料，环境公害很低 （4）目前市场价格较低	（1）大电流充、放电特性不理想 （2）对过充、过放耐受性差，需要精细的管理保护系统 （3）受温度影响大，高温下性能恶化并直接影响蓄电池的容量 （4）存在爆炸的风险，如高温、大电流等情况，需要多重保护机制

续表

名称	优点	缺点
超级电容	（1）储存电容量大，功率密度大，短时大功率充放电能力强 （2）物理能量转换，充、放电时间短，效率高 （3）充、放电循环次数可达50万次，使用寿命长 （4）具有很宽的工作温度范围	（1）单体电压低，能量密度低。相比蓄电池，在同样容量输出下，需要大量并、串联，必然带来体积和重量的急剧增加 （2）串联使用需要采取必要的均压控制电路，均压控制电路的设计直接影响超级电容中后期的使用寿命

在正常运行状态下，变桨控制系统由电网提供三相交流电源。电网的交流电源经过整流后，在变桨驱动器内部的直流母线电容器形成直流母线电压（320～340 VDC）。当直流母线电压跌落至下限值以下，并持续一段时间（2～3 s），变桨控制器将激活电网电压跌落故障，并执行紧急顺桨动作，由变桨控制系统后备电源提供直流母线电压支撑，驱动叶片快速顺桨至安全停机位置。

为了防止后备电池过度放电，变桨控制器在电网电压跌落 1 min 后，自动断开连接变桨后备电池的直流接触器。

当电网电压恢复后，直流母线电压重新建立并逐渐上升。当直流母线电压超过后备电池切入电压设定值，并持续一段时间（约 6 s），变桨控制器将自动闭合直流接触器。为了避免电池切入时产生较大的冲击电流，该设定值一般不得低于 300 V。

出于对机组安全性的考虑，在直流接触器断开的情况下，变桨控制器将激活变桨电池故障，并禁止变桨控制系统动作。

为了保证变桨控制系统后备电源功能的可靠性，风电机组需要定期对变桨控制系统后备电源进行检测，即断开变桨控制系统的电网供电，单独由后备电源提供变桨控制系统动力，完成指定的开、关桨动作，以测试后备电源电量是否满足要求。

在后备电源测试过程中，变桨驱动器与电网供电时的功能基本一致。变桨控制器连续检测直流母线电压（此时直流母线电压等于变桨后备电源电压），并自动保存测试过程中该电压的最低值。当这一数值低于变桨控制系统后备电源的电压下限值时，变桨控制器将发出故障报警。

由于所测量的后备电源电压为瞬时值，而在这一测量瞬间，变桨电动机制动器可能还未释放且变桨电动机未启动。由于直流母线电容仍未放电，测量结果偏高。为了避免发生上述现象，同时保证测量工况尽可能全面，在变桨控制系统后备电源测试过程中,变桨电动机必须始终保持运行状态。

1.7.3 实验步骤

1. 实验准备

(1) 详见实验 2 步骤的 (1) ~ (5)。

(2) 将变桨实验操作台面板上的"维护/运行"选择开关旋转至"运行"。

(3) 单击 4.后备电源测试实验 选项卡,进入后备电源测试实验界面,如图 1-31 所示。

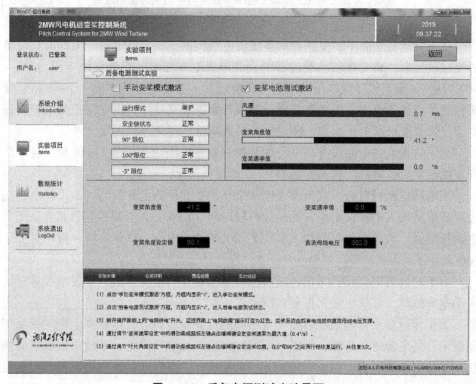

图 1-31 后备电源测试实验界面

2. 操作步骤

(1) 勾选 手动变桨模式激活 ,激活手动变桨模式。

(2) 勾选 变桨电池测试激活 ,激活变桨电池测试。

(3) 断开操作面板上的"电网供电"开关,"警告故障"子菜单中的"电网故障"指示灯变为红色,变桨控制系统由后备电池提供直流母线电压支撑。

(4) 单击 变桨控制 按钮,进入"后备电源测试实验"变桨控制子菜单,如图 1-32 所示。调节"变桨速率设定"中的滑动条或用鼠标左键单击增减键，设定变桨速率为最大值（8.4°/s）；调节"叶片角度设定"中的滑动条或用鼠标左键单击增减键，设定变桨位置在 0°~90°满行程往复运行，共往复 3 次。

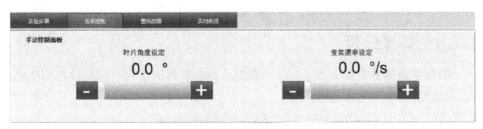

图 1-32 "后备电源测试实验"变桨控制子菜单

（5）通过实时数据界面，观察变桨角度设定值、变桨角度值、变桨速率值、直流母线电压等数据，如图 1-33 所示。检验变桨控制系统在后备电源供电时，变桨速率是否仍能满足要求，同时电池电压（即直流母线电压）没有跌落至限值以下。

图 1-33 实时数据界面

（6）单击"实训曲线"选项卡，进入"后备电源测试实验"实时曲线子菜单，如图 1-34 所示，记录直流母线电压、变桨角度设定值、变桨角度值、变桨速率值。

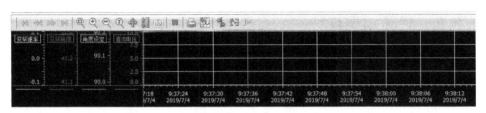

图 1-34 "后备电源测试实验"实时曲线

（7）本实验结束，闭合"电网供电"开关，将"变桨角度设定"恢复至 90°，待叶片到达安全停机位置后(即90°),将"变桨速率设定"恢复至0°/s;单击"手动变桨模式激活"和"后备电源测试激活"方框,取消方框内的"√"。

3. 注意事项

由于铅酸蓄电池充放电速度较慢,为了防止电池过度放电,后备电源测试实验不可连续进行。每次测试结束,至少需要间隔半个小时以上,方可进行下次实验。

1.7.4 数据分析

根据实验测量数据(表1-7),绘制后备电源测试过程中相关参数的变化曲线,判断后备电源功能是否正常。

表1-7 后备电源测试实验数据

记录时间	直流母线电压/V	变桨速率值/[(°)·s^{-1}]	变桨角度值/(°)
实验结论			

1.7.5 思考题

后备电源测试除了本实验中介绍的方法之外,还有哪些方法?

1.8 实验6:电网故障紧急顺桨实验

1.8.1 实验目的

理解电网故障时变桨控制系统的工作流程。

1.8.2 对应知识点

详见1.7节。

1.8.3 实验步骤

1. 实验准备

(1)详见实验2的步骤(1)~(5)。

(2)将变桨实验操作台面板上的"维护/运行"选择开关旋转至"运行"。

(3) 单击"电网故障紧急顺桨实验"选项卡,进入电网故障紧急顺桨实验界面,如图1-35所示。

(4) 将操作面板上的"风速调节"旋钮逆时针旋转至最小值。

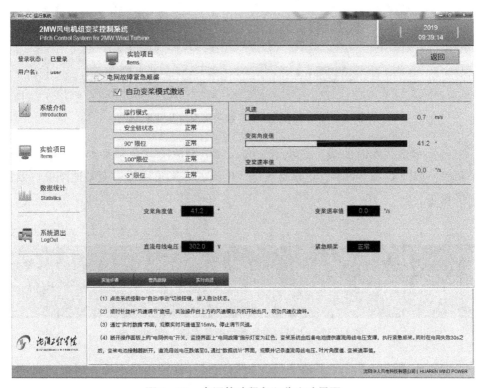

图1-35 电网故障紧急顺桨实验界面

2. 操作步骤

(1) 勾选"自动变桨激活"复选框,激活自动变桨模式。

(2) 顺时针旋转"风速调节"旋钮,实验操作台上方的风速模拟风力机开始出风,吹动风速仪旋转。

(3) 通过实时数据界面,观察实时风速值至15 m/s,停止调节风速。

(4) 断开操作面板上的"电网供电"开关,监控界面上的"电网故障"指示灯变为红色,变桨控制系统由后备电池提供直流母线电压支撑,执行紧急顺桨。同时在电网故障30 s之后,变桨电池接触器断开,直流母线电压跌落至0。

(5) 通过实时数据界面，如图 1-36 所示，观察直流母线电压、变桨角度值、变桨速率值、紧急顺桨状态。

图 1-36 "电网故障紧急顺桨实验"实时数据

(6) 单击"实时曲线"选项卡，进入"电网故障紧急顺桨实验"实时曲线子菜单，如图 1-37 所示，记录直流母线电压、变桨角度值、变桨速率值、紧急顺桨状态。

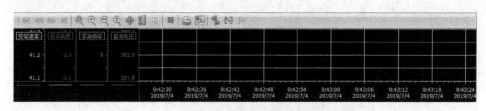

图 1-37 "电网故障紧急顺桨实验"实时曲线

(7) 实验结束，将"风速调节"旋钮逆时针旋转至最小值，闭合"电网供电"开关，单击"警告故障"子菜单中的 按钮，复位变桨控制系统"电网故障"，即"电网故障"指示灯变绿。

3. 注意事项

由于电池容量有限，为了防止电池完全放电，电网故障紧急顺桨实验操作频率不超过 3 次/h。

1.8.4 数据分析

根据实验测量数据，绘制变桨控制系统在电网故障前后桨距角、直流母线电压、急停状态随时间的变化曲线，总结电网故障时变桨控制系统的响应机制，如表 1-8 所示。

表1-8　电网故障紧急顺桨实验数据

记录时间	直流母线电压/V	变桨角度值/（°）	急停状态
实验结论			

1.8.5　思考题

（1）在电网故障时，后备电池向直流母线提供电压支撑，那么在电网供电的情况下，变桨控制系统如何防止直流母线反向后备电池充电？

（2）变桨电池接触器的作用是什么？

1.9　实验7：安全链紧急顺桨实验

1.9.1　实验目的

（1）理解安全链紧急顺桨的工作原理。

（2）区别"安全链急停"蘑菇头按钮和"变桨急停"蘑菇头按钮的功能。

1.9.2　对应知识点

1. 安全链

当风电机组的内部或外部发生故障，或监控的参数超过极限值而出现危险情况，或控制系统失效，风电机组不能保持在正常范围内运行时，启动安全链，可保证风电机组维持在安全状态。

安全链与控制系统相互独立，两者之间的相互关系如图1-38所示。当安全链与控制系统的功能发生冲突时，安全链具有更高的控制权限。

安全链的设计以失效-安全（Fail-Safe）为原则，当安全链内部电源或者非安全寿命部件发生单一失效或者其他故障时，安全链能够保护风电机组的安全不受这些故障的影响。

安全链为一个单信号触发即动作的控制链，当风电机组触发安全链中的任一环节时，安全链立即动作，使风电机组紧急停机，其检测流程如图1-39所示。

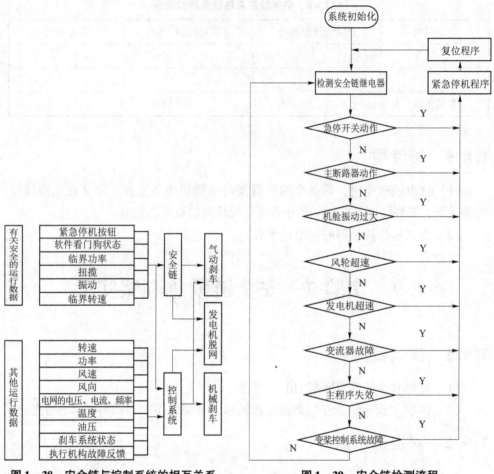

图1-38 安全链与控制系统的相互关系　　图1-39 安全链检测流程

风电机组安全链共分为三大部分：急停安全链、一级安全链和二级安全链。其中，急停安全链包含机舱柜紧急停机按钮、机舱紧急停机按钮、塔底柜紧急停机按钮等；一级安全链包含急停安全链继电器触点、机舱柜手动安全停机按钮、塔底柜手动安全停机按钮、主回路断路器辅助触点、机舱振动开关、风轮超速开关、发电机超速开关等；二级安全链包含一级安全链继电器触点、变流器安全链反馈、主控制器看门狗继电器、变桨控制系统安全链反馈等。3条安全链的优先级由高至低分别是急停安全链、一级安全链和二级安全链，它们之间环环相扣，只有当急停安全链、一级安全链和二级安全链中所有环节全部闭合时，即所有安全链部件均处于正常状态时，二级安全链继电器才能得电，由二级安全链继电器控制的部分数字输出点外部供电回路才能导通，相应的执行机构（如偏航电动机、偏航电动机刹车、齿轮油泵、齿轮油冷却风扇、发电机冷却风扇、机舱通风风扇等）才能正常工作。

2. 变桨控制系统安全链

变桨控制系统安全链作为风电机组整体安全链的一个环节，用于监测变桨控制系统的安全状态及控制变桨控制系统紧急顺桨。3 支桨叶分别配有独立的变桨控制系统安全链回路，且 3 条回路相互串联，形成一条整体链路。每支桨叶的安全链回路分别包含变桨急停开关、变桨驱动器状态继电器触点、90°限位开关（旁路开关）、变桨安全链继电器等部件，具体结构如图 1-40 所示。

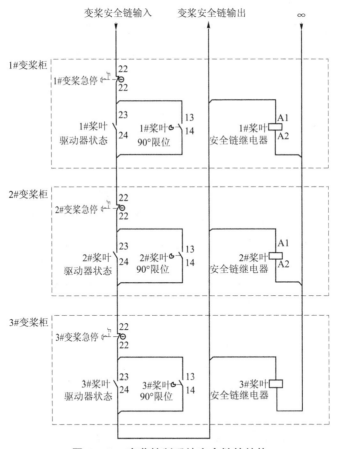

图 1-40 变桨控制系统安全链的结构

任一桨叶的变桨急停开关触发或者任一变桨驱动器发生故障（状态继电器触点断开），都将断开变桨控制系统安全链，3 支桨叶的安全链继电器全部掉电，各变桨驱动器启动紧急顺桨模式，快速驱动桨叶至安全停机位置。当3支桨叶全部顺桨至安全停机位置（90°）时，90°限位开关旁路变桨驱动器状态继电器触点，3支桨叶的安全链继电器全部得电，此时变桨控制系统安全链方可手动复位。

变桨急停开关除了用于切合变桨控制系统安全链，还具有控制变桨驱动器使能信号的功能。无论变桨控制系统工作在何种模式，一旦使能信号失效，变桨驱动器都将紧急停机，即变桨电机停止在当前位置。

1.9.3　实验步骤

1. 实验准备

（1）详见实验2中的步骤（1）~（5）。

（2）将变桨实验操作台面板上的"维护/运行"选择开关旋转至"运行"。

（3）单击"安全链紧急停机实验"选项卡，进入安全链紧急顺桨实验界面，如图1-41所示。

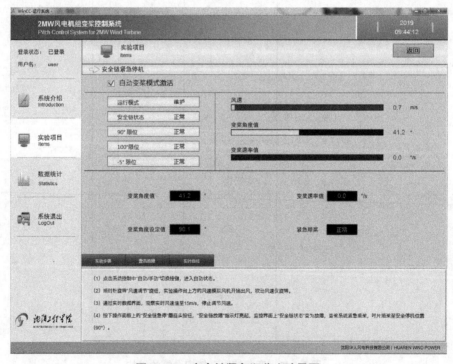

图1-41　安全链紧急顺桨实验界面

（4）将操作面板上的"风速调节"旋钮逆时针旋转至最小值。

2. 操作步骤

（1）勾选"自动变桨模式激活"复选框,激活自动变桨模式。

（2）顺时针旋转"风速调节"旋钮,实验操作台上方的风速模拟风力机开始出风,吹动风速仪旋转。

（3）通过实时数据界面,观察实时风速值至 15 m/s,停止调节风速。

（4）按下操作面板上的"安全链急停"蘑菇头按钮,"安全链故障"指示灯亮起,监控界面上的"安全链状态"变为故障,变桨控制系统紧急顺桨,叶片顺桨至安全停机位置。

（5）单击"实时曲线"选项卡,进入"安全链紧急顺桨实验"实时曲线子菜单,如图 1-42 所示,观察并记录变桨角度值、变桨速率值。

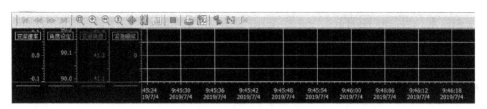

图 1-42 "安全链紧急顺桨实验"实时曲线

（6）将"风速调节"旋钮逆时针旋转至最小值,顺时针旋转并拔出"安全链急停"蘑菇头按钮,单击操作面板上"安全链复位"按钮,复位安全链故障,监控界面上的"安全链状态"变为正常。

3. 注意事项

操作面板上有两个红色蘑菇头按钮,分别是"安全链急停"和"变桨急停",切勿因混淆二者而操作失误。

1.9.4 数据分析

根据实验测量数据,绘制变桨控制系统在安全链紧急顺桨过程中的桨距角、变桨速率曲线,总结安全链故障时变桨控制系统的响应机制,如表 1-9 所示。

表 1-9 安全链紧急顺桨实验数据

记录时间	变桨速率值/[(°)·s^{-1}]	变桨角度值/(°)	急停状态
实验结论			

1.9.5 思考题

(1)"变桨急停"蘑菇头按钮与"安全链急停"蘑菇头按钮的作用有何不同?两者在触发时,变桨控制系统的动作有何不同?

(2)按下"安全链急停"蘑菇头按钮,除了可能导致变桨控制系统安全链故障紧急顺桨,还会导致哪些故障?

1.10 实验8:变桨控制系统通信故障实验

1.10.1 实验目的

理解变桨控制系统与主控系统之间通信状态的监测原理及故障响应。

1.10.2 对应知识点

变桨控制系统与主控系统通过现场总线或以太网通信链路进行通信。变桨主控制器作为高级别控制器,负责从外部数据源接收风速、转速、发电量等信号,并经过运算得出变桨角度设定值。

变桨主控制器必须连续检查所有变桨驱动器发送的状态信息,同时记录每个变桨驱动器发送信息的时间间隔。当任一变桨驱动器报告故障,或者某一变桨驱动器在规定时间内没有发送任何信息时,变桨控制系统将立即进入快速顺桨状态。

出于安全考虑,变桨主控制器的运行速度必须非常快。为了防止某一工况下变桨主控制器的响应超时,通常在主控系统与变桨控制系统之间嵌入总线控制器(如图1-43所示),专门负责收发变桨主控制器的指令与状态信息。同时,总线控制器还监测变桨驱动器、变桨主控制器通信的实时状态。当任一环节发生故障或出现超时,总线控制器都将强制变桨驱动器进入快速顺桨状态。

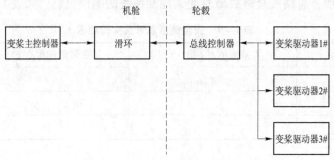

图1-43 变桨控制系统通信结构

变桨主控制器同时向3个变桨驱动器发送变桨角度位置指令,3个变桨驱动器依次向变桨主控制器反馈状态信息,包括实际测量变桨角度、故障信息等,如图1-44所示。

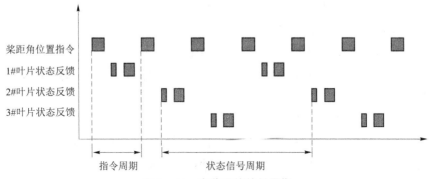

图1-44 变桨通信信号周期

1. 变桨控制系统通信协议

变桨控制系统通信协议通常包含以下交互信息:

(1) 主控系统发送至变桨控制系统:

①3个叶片的角度设定值;

②3个叶片的速度设定值;

③主控系统发送至变桨控制系统的控制字,包含通信心跳、故障复位、工作模式设定等。

(2) 变桨控制系统反馈至主控系统:

①3个叶片的当前角度值[单位:(°)];

②3个叶片冗余传感器的当前角度值[单位:(°)];

③3个叶片的当前变桨速度[单位:(°)/s];

④3个叶片的变桨电动机电流(单位:A);

⑤3个叶片的变桨电动机转矩(单位:N·m);

⑥3个叶片的变桨驱动器温度(单位:℃);

⑦3个叶片的变桨驱动器状态信息;

⑧变桨控制系统状态信息;

⑨变桨控制系统故障信息。

2. 变桨通信故障原因

1) 通信模块损坏

检查通信模块上的灯有无异常闪动或状态指示灯不亮,用另外一块新的通信模块替换可能损坏的模块,若故障消除,则判定此模块已损坏。

2）变桨控制系统通信插头松动

通过检查轮毂变桨控制柜的通信电缆，发现存在通信插头松动、断线现象，造成信号闪断或丢失，从而导致变桨通信故障。

3）机舱柜变桨通信链路浪涌保护器损坏

（1）浪涌保护器质量问题。

（2）运行过程中释放的浪涌大于浪涌保护器的通流容量。

（3）浪涌保护器前端没有加保护开关或保险丝，由于线路断路引起浪涌保护器烧坏。

4）滑环插针损坏或固定不稳

通过检查发现滑环在安装、压线或更换的过程中存在金针压接不紧的工艺质量问题，导致滑环运行很不稳定，导致变桨通信故障。

5）滑环内部受污染

滑环长时间运行，内部有灰尘、金属磨屑以及碳粉等杂物长时间累积不清理。因为滑环有环形轨道，即有相对驻留位置，驻留位置附近由于信号电的吸附作用，导致灰尘更容易停留，滑环内部受到污染，变桨通信信号时断时续，致使控制单元无法接收和反馈信号，从而导致变桨通信故障。

6）滑环质量问题

滑环是利用导电环的滑动接触、静电耦合或电磁耦合，在固定座架转动部件与滚动或滑动部件之间传递电信号和电能的精密输电装置。由于滑环内部构造的原因，滑环为滑动接触式，长时间运行，可能造成滑环磁道磨损严重、滑道与触点接触不良等现象，也会引起信号的中断和延时。

7）通信电缆出现连接错误

通信电缆线电缆皮薄，容易在拉电缆时损坏，出现电缆露铜现象，造成信号跳变。

8）动力电缆的干扰信号窜入信号电缆

动力电缆与信号电缆混放，由于电力电缆多为非屏蔽电缆，其交变电流会在周围产生交变的磁通，频率较低，信号电缆处于低频率磁场中，如果低频电磁能量达到一定值就会在控制电缆内的导体之间产生电动势，造成线路上的干扰。

9）变桨驱动器通信扩展板问题

通信扩展板为变桨驱动器上插拔的一块 PCB 板，与变桨通信故障有直接的关系。可通过测量终端电阻（正常阻值为 118~121 Ω）来判定通信扩展板是否损坏。

1.10.3 实验步骤

1. 实验准备

(1) 详见实验2的步骤（1）~（5）。

(2) 将变桨实验操作台面板上的"维护/运行"选择开关旋转至"运行"。

(3) 单击"变桨系统通讯故障实验"选项卡，进入变桨系统通信故障实验界面，如图1-45所示。

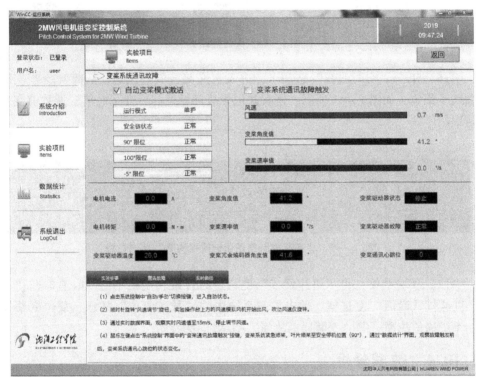

图1-45 变桨系统通信故障实验界面

(4) 将操作面板上的"风速调节"旋钮逆时针旋转至最小值。

2. 操作步骤

(1) 勾选"自动变桨模式激活"复选框，激活自动变桨模式。

(2) 顺时针旋转"风速调节"旋钮，实验操作台上方的风速模拟风力机开始出风，吹动风速仪旋转。

(3) 通过实时数据界面，观察实时风速值至15 m/s，停止调节风速。

(4) 勾选"变桨系统通讯故障触发"复选框，触发变桨控制系统通信故障，变桨控制系统紧急顺桨，叶片顺桨至安全停机位置（90°）。

（5）通过实时数据界面，如图1-46所示，观察变桨通信各变量在故障前后的变化情况，重点监测变桨通信心跳位状态。

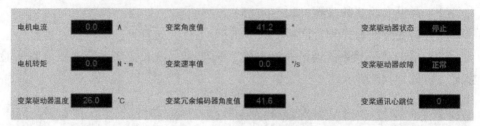

图1-46 实时数据界面

（6）单击"实时曲线"选项卡，进入"变桨控制系统通信故障实验"实时曲线子菜单，如图1-47所示，观察并记录故障触发前后变桨通信变量数值变化情况。

图1-47 "变桨控制系统通信故障实验"实时曲线

（7）实验结束，将"风速调节"旋钮逆时针旋转至最小值，取消勾选"自动变桨模式激活"复选框，单击控制系统中的"故障复位"按钮，复位变桨控制系统通信故障，即"变桨通信故障"指示灯变绿。

1.10.4 数据分析

（1）根据实验现象，总结变桨控制系统与主控系统之间的通信包含哪些交互信息，填入表1-10。

表1-10 变桨通信交互信息

变桨控制系统（向主控系统）发送信息	变桨控制系统（由主控系统）接收信息

（2）根据实验现象，描述变桨控制系统如何监测它与主控系统之间的通信状态。

1.10.5 思考题

（1）变桨控制系统与主控系统之间的通信包含哪些变量？
（2）可能导致变桨控制系统与主控系统之间通信故障的因素有哪些？

1.11 实验9：变桨控制系统 PID 控制实验

1.11.1 实验目的

（1）理解变桨控制系统 PID 控制的工作原理。
（2）掌握变桨控制系统 PID 参数整定方法。

1.11.2 对应知识点

1. PID 控制的工作原理

变桨控制系统 PID 控制器结构如图 1-48 所示。

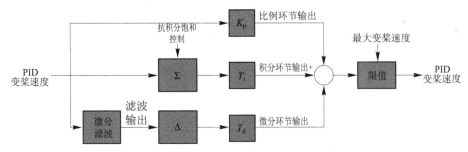

图 1-48 变桨控制系统 PID 控制器结构

PID 控制输出参数由以下三部分组成：

（1）比例环节：根据偏差大小与偏差量成比例地调节系统控制量，以此产生控制作用，减小偏差。比例系数 K_p 的作用是加快系统的响应速度，提高系统的调节精度。比例系数越大，系统的响应速度越快，调节精度越高，但易产生超调，甚至会导致系统不稳定。比例系数过小，则会降低调节精度，使响应速度变慢，从而延长调节时间，使系统的静态/动态特性变差。

（2）积分环节：用于消除静差，提高系统的无差度。积分作用的强度取决于积分时间常数 T_i 的大小，T_i 越小，积分作用越强，但是积分作用过强在响应过程会产生积分饱和的现象，从而引起响应过程的较大超调。

(3) 微分环节：根据偏差的变化趋势调节系统控制量，改善系统的动态性能。在响应过程中抑制偏差向任何方向的变化，对偏差变化进行预判。但是 T_d 过大，会使响应过程提前制动，从而延长响应时间，降低系统的抗干扰能力。

PID 控制器可以被看作一种极限情况下的超前滞后补偿器，两个极点分别在原点和无穷远处。类似的，PI 和 PD 控制器也可以分别被看作极限情况下的滞后补偿器和超前补偿器。比例、积分、微分各项对闭环响应的影响如表 1-11 所示。

表 1-11　K_p、T_i、T_d 对闭环响应的影响

	上升时间	超调量	调节时间	稳态误差	稳定性
增大 K_p	减小	增大	微弱增大	减小	降低
增大 T_i	微弱减小	增大	增大	大幅度减小	降低
增大 T_d	微弱减小	减小	减小	基本不变	提高

2. PID 参数整定方法

PID 控制器的参数整定方法基本可以归纳为两大类：试凑法和参数自整定法。由于试凑法不需要事先了解被控对象的数学模型，能够直接在控制系统中进行现场整定，且方法简单、计算简便、易于掌握，因此它是工程中较为常用的整定方法。

试凑法建立在比例、积分、微分三部分对动态性能作用效果的基础上。在试凑时，可以参考控制器对被控过程的响应趋势，对参数进行先比例、再积分、后微分的整定步骤。

(1) 整定比例系数 K_p：将 K_p 由小变大，并观察相应的系统响应，直至得到反应快、超调小的响应曲线。如果系统静差减小至允许范围，响应曲线完全符合设计要求，那么只需要比例控制环节即可，由此确定比例系数。

(2) 整定积分时间常数 T_i：如果在比例控制的基础上系统静差不能满足设计要求，则需要加入积分环节。整定时首先设置积分时间常数 T_i 为较大值，并将经第一次整定得到的比例系数略微减小（如减小至 80%），然后减小积分时间常数，使得在保持系统良好动态性能的情况下，系统静差得以有效消除。在此过程中，可以根据响应曲线的好坏反复修改比例系数和积分时间常数直至得到满意的控制过程，即得到相应整定参数。

(3) 整定微分时间常数 T_d：若使用比例积分控制消除了静差，但动态过程经过反复调节仍不能满足设计要求，则可加入微分环节，构成 PID 控制器。在整定时，首先设置微分时间常数为 0，在第二步整定的基础上逐渐增大 T_d，同样相

应改变比例系数和积分时间常数，逐步试凑以获取最佳的调节效果和相应的整定参数。

1.11.3 实验步骤

1. 实验准备

（1）详见实验2的步骤（1）～（5）。

（2）将变桨实验操作台面板上的"维护/运行"选择开关旋转至"运行"。

（3）单击 8.变桨系统PID控制实验 选项卡，进入变桨控制系统 PID 控制实验界面，如图 1-49 所示。

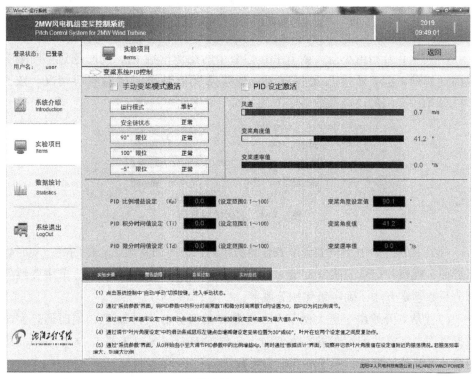

图 1-49 变桨控制系统 PID 控制实验界面

2. 操作步骤

（1）勾选"手动变桨模式激活"复选框，激活手动变桨模式。

（2）勾选"PID 设定激活"复选框，激活变桨控制系统 PID 参数设定权限。

（3）将 PID 参数中的积分时间常数 T_i 和微分时间常数 T_d 均设置为 0，即 PID 为纯比例调节。

(4) 单击 ![变桨控制] 选项卡,进入"变桨控制系统 PID 控制实验"变桨控制子菜单(如图 1-50 所示)。调节"变桨速率设定"中的滑动条或用鼠标左键单击增减键,设定变桨速率为最大值(8.4°/s);通过调节"变桨角度设定"中的滑动条或用鼠标左键单击增减键,设定变桨位置为 30°或 60°,叶片在这两个设定值之间反复动作。

图 1-50 "变桨控制系统 PID 控制实验"变桨控制子菜单

(5) 从 0 开始由小至大调节 PID 参数中的比例增益 K_p,同时通过实时数据界面(如图 1-51 所示)观察并记录变桨角度值对设定值的响应情况。按照 1.11.2 节中介绍的比例系数整定方法,确定最优比例系数。

图 1-51 实时数据界面

(6) 从 0 开始由小至大调节 PID 参数中的积分时间常数 T_i,同时通过实时数据界面,观察并记录变桨角度值对设定值的响应情况。按照 1.11.2 节中介绍的积分系数整定方法,确定最优积分系数。

(7) 从 0 开始由小至大调节 PID 参数中的微分时间常数 T_d,同时通过实时数据界面,观察并记录变桨角度值对设定值的响应情况。按照 1.11.2 节中介绍的微分系数整定方法,确定最优微分系数。

(8) 分别设定变桨速率为 8°/s、6°/s、4°/s、2°/s,然后重复步骤(4)~(7),比较在不同变桨速率下 PID 参数对变桨角度响应曲线的影响。

(9) 本项实验结束,将"变桨角度设定"恢复至 90°,待叶片到达安全停机位置后(即 90°),将"变桨速率设定"恢复至 0°/s,取消勾选 ![PID 设定激活] 和 ![手动变桨模式激活] 复选框,使系统恢复初始状态。

3. 注意事项

实际风电机组变桨控制系统可能仅采用纯比例调节,即可实现位置控制的准确定位。

1.11.4 数据分析

根据实验测量数据,绘制不同变桨速率下 PID 控制的变桨角度响应曲线,总结 PID 控制原理(表 1-12)。

表 1-12 变桨通信交互信息

变桨速率/[(°)·s^{-1}]					
比例增益 K_p		积分时间常数 T_i		微分时间常数 T_d	
(使用实验测量数据绘制变桨角度响应曲线)					
实验结论					

1.11.5 思考题

变桨控制系统 PID 控制中比例增益、积分时间常数和微分时间常数的作用分别是什么?

1.12 实验 10:变桨控制系统调试实训

1.12.1 实验目的

熟悉实际风电机组变桨控制系统调试流程。

1.12.2 实验步骤

1. 实验准备

(1) 详见实验 2 的步骤 (1) ~ (5)。

(2) 将变桨实验操作台面板上的"维护/运行"选择开关旋转至"维护"。

(3）单击 [9.变桨系统调试实训实验] 选项卡，进入变桨控制系统调试实训界面，如图1-52所示。

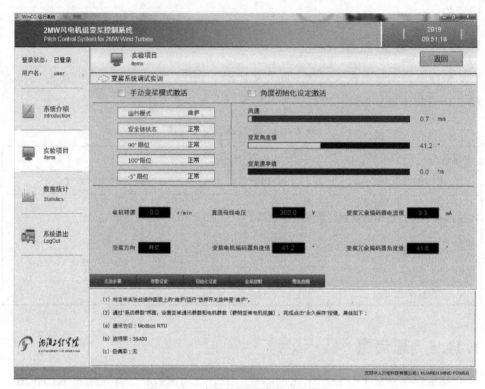

图1-52 变桨控制系统调试实训界面

2. 操作步骤

1）电动机参数设定

单击 [参数设定] 选项卡，进入变桨控制系统调试实训参数设定子菜单（如图1-53所示），设置变桨电动机参数（参照变桨电动机铭牌），具体如表1-13所示。

图1-53 变桨控制系统调试实训参数设定子菜单

表 1-13 变桨电动机参数设置

参数名	设定值
最低频率/Hz	0
最高频率/Hz	60
额定频率/Hz	50
额定电压/V	220
额定电流/A	2.8
额定转速/ (r·min^{-1})	1 360
功率因数	0.72
极对数	2

2）校对变桨电动机旋转方向

使用操作面板进行手动开桨，通过变桨轴承角度刻度板，查看变桨角度值是否减小，判断变桨电动机旋转方向是否正确，如果不正确，调换电动机相序。

3）校对变桨电动机编码器方向

在变桨控制系统调试实训参数设定子菜单中，设定编码器脉冲数为 1 024。使用操作面板进行手动关桨，通过实时数据界面，查看变桨电动机编码器角度是否增大，判断编码器输出信号方向是否正确，如果不正确，调整编码器方向跳线。

4）校对变桨电动机编码器角度

单击  初始化设定 选项卡，进入变桨控制系统调试实训初始化设定子菜单（如图 1-54 所示）。单击  按钮（颜色变绿），再单击 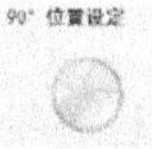 按钮（颜色变绿）。手动变桨至 80°左右（依据变桨轴承角度刻度板），再手动关桨直至触发 90°限位开关（90°限位开关指示灯亮起）。查看变桨电动机编码器角度是否为 90°（由于手动变桨操作存在延迟，因此实际显示角度稍大于 90°），变桨电动机编码器校对完成。依次单击  和 按钮（颜色变灰）。

图 1-54 变桨控制系统调试实训初始化设定子菜单

5) 校对变桨冗余编码器角度

手动开桨至0°，即变桨轴承上的零度标志线重合。查看叶片角度传感器电流约为5.7 mA，在变桨控制系统调试实训初始化设定子菜单中，单击 [0°位置设定] 按钮，然后单击 [90°位置设定] 按钮（颜色变绿），手动关桨直至触发90°限位开关（90°限位开关指示灯亮起）。通过实时数据界面，查看变桨冗余编码器角度值与变桨电动机编码器角度值是否一致，若差值不超过0.5°，则变桨冗余编码器校对完成。依次单击 [90°位置设定] 和 [角度初始化设定走完成] 按钮（颜色变灰）。

6) PID 参数整定

具体步骤参照实验9。

7) 90°限位开关校对

手动变桨至80°，然后以较慢速率（约2°/s）关桨，至90°限位开关触发（即90°限位开关指示灯亮起），记录当前变桨角度值，作为90°限位开关的触发角度；继续以较慢速率关桨，至90°限位开关不触发（即90°限位开关指示灯熄灭），记录当前变桨角度值，作为90°限位开关的不触发角度。单击 [参数设定] 选项卡，进入变桨控制系统调试实训参数设定子菜单，将以上测量数值分别设定在相应参数内。

3. 注意事项

（1）变桨轴承上附带的角度刻度板仅作为参考角度，不能以此校对角度传感器及编码器。

（2）变桨电动机相序及编码器方向跳线在实验操作台调试过程中已完成校对，实训环节无须另行调整。

第 2 章

风电机组主传动链及振动监测系统

2.1 概　述

风电机组主传动链及振动监测系统实验台（以下简称"实验台"）是基于高素质和可持续发展新一代应用型人才培养理念，围绕风力发电运营、整机及关键零部件制造企业需求设计的专业实验设备。其设计参照大型风电机组结构，深度结合风电能量转换理论和工程实际，其原理、组成、结构与工程实际一致，在此基础上增加了实验、实训功能。

实验台设计理念以就业为导向，以当下风电行业新技术为研究背景，其特点是直观展现大型风电机组主传动链结构、在线状态监测的使用和风电机组发电的工作流程及控制方式。另外实验台附加振动源设计，能够模拟风电机组运行过程中所产生的振动情况，在线状态监测系统能够实时监测设备并反映设备振动波形曲线，可以通过振动波形曲线了解设备运转情况。

实验内容设计紧扣新能源专业课程体系，本着循序渐进的原则，由浅入深。认真完成本书中所列实验，有助于更好地理解风电机组主传动链系统的组成、结构、工作方式、控制技术、在线监测分析等专业知识，掌握偏航、发电的调试、维护、故障诊断分析技能。

2.2 实验 1：偏航系统实验

2.2.1 实验目的

（1）熟悉偏航系统的结构及工作原理。
（2）掌握偏航电动机方向控制的电路及方法。

(3) 了解扭缆保护的原理及方法。
(4) 掌握手动偏航的工作过程。
(5) 掌握自动偏航跟踪风向的控制流程。

2.2.2 对应知识点

偏航系统的结构如图2-1所示。偏航系统由偏航电动机、偏航减速机、偏航小齿轮、偏航轴承、偏航制动器、摩擦盘、接近开关、扭缆开关等组成。其偏航原理是偏航电动机带动偏航减速机驱动偏航小齿轮旋转，偏航小齿轮带动偏航轴承旋转，偏航轴承内圈与主机架相连，外圈与摩擦盘和塔筒相连。

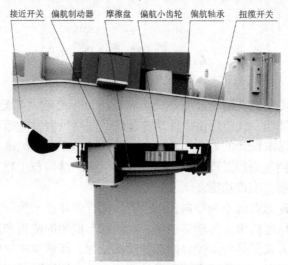

图2-1 偏航系统的结构

偏航系统采用电感式接近开关作为计数器，测量机舱当前位置。将两个接近开关 A 和 B 固定在偏航齿圈附近，传感器的探头距离齿圈齿顶面的距离保持在 1~3 mm，两个传感器之间的水平中心距保持在 0.5 倍的齿顶宽度，具体安装方式如图2-2所示。

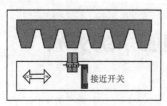
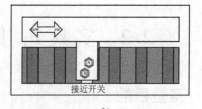

(a)　　　　　　　　　　　　(b)

图2-2 偏航角度传感器安装方式
(a) 垂直视角；(b) 水平视角

2.2.3 实验步骤

1. 零点校准

(1) 在实验设备安装完毕后,运行测试前,需要对实验设备进行偏航零点校准,首先使用高级用户名"main"登录,如图2-3所示。

(2) 操作手动运行偏航(参考偏航手动实验步骤),运行到指定方向(一般指向北),打开塔筒观察口,确定塔筒里的电缆没有出现扭缆现象(线与线近似平行状态)。

图2-3 高级用户登录

(3) 登录进入"实验项目"界面,选择"运行模式自动偏航实验"选项,如图2-4所示,在"实际偏航角度调整"对话框中输入"0",单击"校准"按钮,"偏航角度""扭缆圈数""机舱位置""扭缆角度"全部清零。

(4) 当实际偏航方向与理想设定方向有偏差时可以输入-10°~+10°调整偏差。校验完成后,对系统主界面进行重新登录,否则30 min后将无法对系统主界面进行操作。此权限是为了防止偏航时误操作造成真实零点丢失,多次重新设置偏航零点后可能造成过度扭缆而对电缆引起损坏。

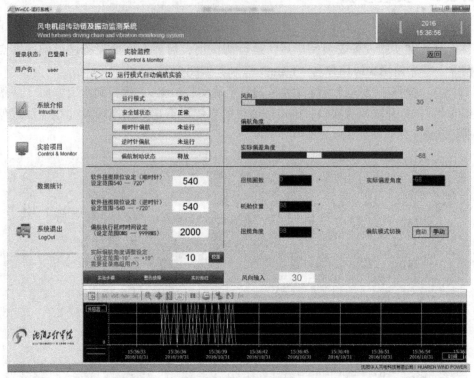

图 2-4 运行模式自动偏航实验界面

2. 手动偏航实验

（1）登录系统后，单击"实验项目"按钮进入"实验项目选择"界面，单击"维护模式手动偏航实验"按钮切换到实验界面（如图 2-5 所示），参照系统提示步骤操作。

（2）在操作面板上操作"偏航模式"切换开关，选择"手动"选项，在界面上"运行模式"会回馈为手动状态，说明操作已经进入手动模式。

（3）查看安全链状态，如"正常"状态可以继续，如果出现红色的"故障"，先处理安全链报警问题（在硬件扭缆限位触发安全链报警时，是无法正常运行的）。

（4）"顺时针偏航"与"逆时针偏航"处在"未运行"状态。"偏航制动状态"指示为"释放"，"软件扭缆限位设定（顺时针）"对话框保持默认（720），"软件扭缆限位设定（逆时针）"对话框保持默认（720）。"偏航执行延时时间设定"是在自动状态下设定的，本实验保持默认即可。

(5) 在操作面板上观察指示灯,如"偏航释放"指示灯是否亮起,蓄能器压力是否有"蓄能器亏压"现象(蓄能器欠压指示灯)。

(6) 在操作面板上将"手动偏航"切换至"顺时针",偏航电动机启动,观察机舱运行方向是否顺时针运转,操作台上的"顺时针偏航"指示灯是否亮起。

(7) 实验台界面上的"偏航角度""实际偏差角度""扭缆圈数""扭缆角度""机舱位置"随之变化,需要停止时把此切换开关切换到"停止"位置。操作逆时针方向时,把"切换开关"切换至"逆时针",偏航电动机会反方向运行,运行一定角度(如90°),切换到"停止"状态,在实验台界面上单击"实验曲线"按钮,曲线图是刚刚采集的偏航传感器的脉冲信号,将其与偏航传感器输出脉冲序列结合分析,通过两个脉冲信号判断运行方向。

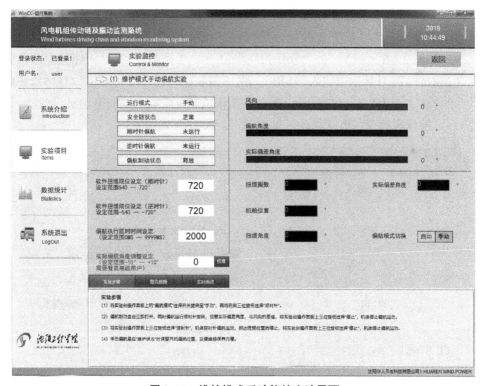

图 2-5 维护模式手动偏航实验界面

3. 自动偏航实验

(1) 在操作面板上将偏航模式"手动/自动"切换开关切换至"自动",参照手动偏航实验检查实验界面反馈指示及操作面板的指示灯是否在可实验状态。

(2) 在"偏航执行延时时间设定"对话框中输入"2 000"("2 000"代表

2 s，就是在操作风向角度后，偏航电机延时 2 s 运行），可根据实验现场要求修改其他数值（2 000~9 999）。

(3) 在"风向输入"对话框中输入风向角度，2 s 后偏航电动机启动，观察机舱偏航方向，查看实验台上的偏航指示灯，直到偏航角度与风向设定方向相同时，完成自动偏航实验。

(4) 当设定偏航角度与实际角度差值大于 180°时偏航系统会自动选择较近角度运行，操作时注意"风向"与"偏航角度"显示值范围是 0°~360°，而"扭缆角度"显示值范围是 -900°~900°，系统程序判断"扭缆角度"超过设定限值（最大范围±720°）才进入保护状态（反向自动解缆一圈 360°）。

4. 软件限位触发状态下解缆实验

(1) 在操作面板上将偏航模式"手动/自动"切换开关切换至"自动"，参照"手动偏航实验"检查实验界面反馈指示及操作面板的指示灯是否在可实验状态（如图 2-6 所示）。在"软件扭缆限位设定（顺时针）""软件扭缆限位设定（逆时针）"对话框中输入"540"，在"偏航执行延时时间设定"对话框中输入"2 000"（"2 000"代表 2 s，就是在操作风向角度后，偏航电动机延时 2 s 运行），可根据实验现场要求修改其他数值（2 000~9 999）。

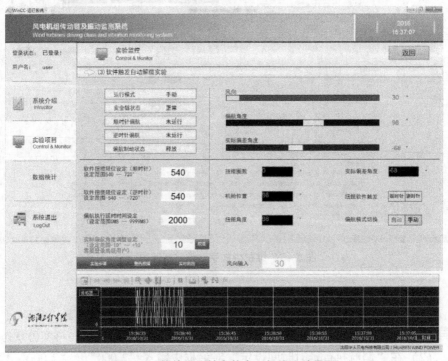

图 2-6　软件限位触发状态下解缆实验界面

(2) 在"风向输入"对话框中输入风向角度（如170°），2 s后偏航电动机启动，直到偏航角度与风向设定方向相同，再次输入风向角度（如300°），2 s后偏航电动机启动，直到偏航角度与风向设定方向相同（注：每次风向设定角度小于180°，以防止偏航反向运行）。

(3) 经过几次这样的设定，使"扭缆角度"达到接近"扭缆限位角度"（540°），当再次输入200°时，偏航继续运行，"扭缆角度"达到540°时停止，几秒后偏航反向运行，旋转运行360°后停止，之后再寻找风向角度，到达设定的风向角度（200°）时停止，完成软件限位触发状态下解缆实验。

5. 硬件限位触发状态下解缆实验

(1) 在操作面板上将偏航模式"手动/自动"切换开关切换至"手动"。在自动状态下会有软件限位保护，而且软件限位要比硬件限位范围小，所以偏航模式自动状态下软件限位优先于硬件限位触发，达不到实验目的。

(2) 参照手动偏航实验检查实验界面反馈指示及操作面板的指示灯是否在可实验状态，如图2-7所示。

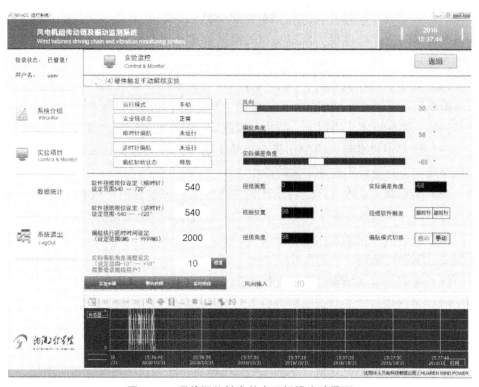

图2-7 硬件限位触发状态下解缆实验界面

（3）在偏航模式手动状态下，将操作面板的偏航控制切换开关切换到"顺时针"，偏航电动机延时动作，偏航顺时针运行，观察实验界面上的"扭缆角度"随着偏航运行增加。

（4）注意操作面板上的"扭缆限位"红色指示灯，在硬件扭缆触发时刻红色"扭缆限位"指示灯亮起，偏航电动机停止运行（保护停机），这时需要反向逆时针操作才能解除"扭缆限位"。

（5）首先操作偏航控制切换开关切换到"停止"，再次切换到"顺时针"偏航电动机也不会运转，只能操作"逆时针"，观察"扭缆角度"逐渐减小，当到达零度时，使偏航控制切换开关切换到"停止"，观察偏航角度与实际感观是否一致，如果偏差较大，需要重新零点校准。

（6）硬件限位触发时刻主轴及发电机会停机，停止发电，处于停机保护状态。

2.2.4　实验注意事项

（1）一般在手动操作时处于维护状态下，软件限位不会起到保护作用，只有触发硬件限位才会停机，所以操作时需要靠操作者来保证旋转圈数不能超过2圈。

（2）在手动操作偏航时，偏航执行电路与偏航液压释放电路同时执行，保证在偏航运行时不会出现液压制动的现象，系统程序控制液压泵在开机后及时保证蓄能器压力在设定压力以上，防止在偏航运行时不能及时做出液压释放动作。

（3）在零点校准后，确定实际偏差角度为零，目的是保证在面板上偏航模式从手动切换自动后不会发生偏航动作。

（4）大型风力机在实际运行出现偏差角度时，偏航延时一般在15～30 s才会运行，而且偏差角度需要大于8°（保护大型机组不会频繁运行）。

（5）在软件限位触发状态下解缆实验中，"偏航模式"必须在"自动"状态下完成，不能切换到"手动"状态。

（6）零点校准必须由设备管理员操作。

（7）进行偏航实验时请勿靠近机体。

2.2.5　实验报告

（1）根据实验测量数据，绘制风电机组偏航角度与扭缆角度变化曲线。

（2）根据偏航软件解缆过程，绘制顺时针与逆时针时的扭缆角度变化曲线。

（3）多次操作自动偏航，找出最大的实际偏差角度。

2.2.6 思考题

(1) 偏航在风电机组中起到什么作用？
(2) "扭缆限位"在风电机组中有何重要性？

2.3 实验2：发电机发电实验

2.3.1 实验目的

(1) 掌握风力机发电过程。
(2) 掌握发电功率与发电机转速之间的关系。
(3) 理解发电时发电机转速对传动链振动的影响。

2.3.2 对应知识点

同步发电机的定子和异步发电机相同，定子铁芯上有齿和槽，槽内设置三相绕组，转子上装有磁极和励磁绕组。有的采用永久磁铁励磁，即永磁同步发电机。

当磁极装在转子上，电枢绕组放在定子上时，称为旋转磁极式发电机。当磁极装在定子上，电枢绕组放在转子上时，称为旋转电枢式发电机。电流经过转子轴上的旋转整流器整流后，直接为同步发电机转子上的励磁线圈供直流励磁电流，构成无刷系统。

旋转磁极式同步发电机的转子有凸极和隐极两种结构形式，隐极发电机的气隙均匀，转子成圆柱形。凸极发电机的气隙不均匀，气隙在极弧下较小，在极间较大。对于高速的同步发电机，从转子机械强度和妥善地固定励磁绕组考虑，采用励磁绕组分布于转子表面槽内的隐极式结构较为可靠。对于低速发电机，由于转子的圆周速度较低、离心力较小，采用制造简单、励磁绕组集中安放的凸极式结构较为合理。大型百 MW 和 GW 的水轮发电机组，以及百 kW 和几个 MW 的风电机组一般采用隐极式同步发电机。

同步发电机的励磁系统一般分为两类：一类用直流发电机作为励磁电源的直流励磁系统，另一类用整流装置将交流变成直流后供给励磁的整流励磁系统。

发电机容量大时，一般采用整流励磁系统，根据其放置位置可分为静止整流励磁和旋转整流励磁。

静止整流励磁可分为他励式和自励式两种。他励式静止整流励磁系统中，交流主励磁机是一台与同步发电机同轴连接的三相同步发电机,主励磁机交流电流输出经静止的三相桥式不可控整流器整流后,经过集电环接到主发电机的励磁绕组上,主励磁机励磁电流由交流副励磁机发出的交流电经静止的可控整流器整流后供给,交流副励磁机也与同步发电机同轴,通过自动电压调节器调节可控整流器,从而调节励磁。这种系统存在集电环和电刷,接线复杂。

2.3.3 实验步骤

1. 发电实验

(1) 登录系统后,单击"实验项目"按钮,选择"发电机发电实验"选项,进入实验界面(如图2-8所示),单击"警告故障"按钮,显示安全链故障报警画面,如果出现报警状态,首先处理"安全链报警",参考安全链停机实验。

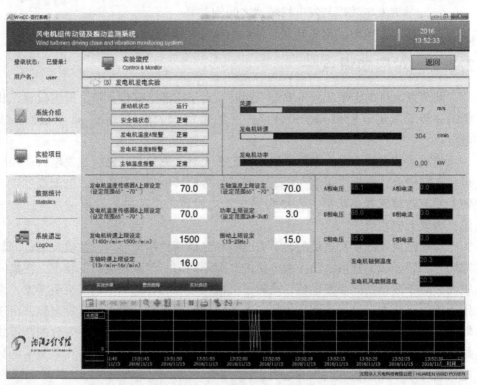

图2-8 发电机发电实验界面

(2) 单击操作面板上的"拖动使能"按钮,指示灯亮起,使下面的"拖动"选择开关切换至"启动"。调节"拖动速度"旋钮旋转至最慢,再向快旋转,拖动发电机运转,观察发电机转速多大时开始发电,并记录A相、B相、C相电流是否同步上升、任意两相间电流差值占相平均电流的百分比。

（3）观察发电机转速多大时开始发电，并记录 A 相、B 相、C 相电压是否同步上升、任意两相间电压差值占相平均电压的百分比。

（4）随速度的提升发电电流升高，发电功率增加。单击"实时曲线"按钮，观察发电机转速与发电功率的关系。

（5）在发电系统运行时，查看振动监测系统的振动波形，与在空载实验下的振动波形进行对比。

2. 空载实验

（1）登录系统后，单击"实验项目"按钮，选择"发电机发电实验"选项，进入实验界面，单击"警告故障"按钮，显示安全链故障报警画面，如果出现报警状态，首先处理"安全链报警"，参考安全链停机实验。

（2）关闭负载箱断路器，发电机与负载箱断开，可以使发电机空载运行，单击操作面板上的"拖动使能"按钮，指示灯亮起，使下面的"拖动"选择开关切换至"启动"。调节"拖动速度"旋钮旋转至最慢，再向快旋转，拖动发电机运转。

（3）观察发电机的电流、电压、功率与发电状态时的差异。

（4）在发电系统运行时，查看振动监测系统的振动波形。

2.3.4 实验注意事项

在发电机运行过程中，卸荷箱起到卸荷作用，大部分电能转换为热能。在发电机满载一段时间后卸荷箱表面温度超过 80℃，在实验的任何阶段请勿接近卸荷箱。

2.3.5 实验报告

（1）在实验报告中记录发电机发电时的转速值，A 相、B 相、C 相电流是否同步上升、任意两相间电流差值占相平均电流的百分比。

（2）记录发电机发电时 A 相、B 相、C 相电压值，任意两相间电压差值占相平均电压的百分比。

（3）将发电机转速与发电功率曲线附于报告中。

（4）发电机发电与空载时，查看测点"发电机 4V"和"发电机 5V"的时域波形图中振动能量最大值并且记录在报告中。

（5）比较发电机空载和带载情况下的功率曲线，将两种情况下的曲线附于报告中。

2.3.6　思考题

(1) 发电机转速与发电功率是什么关系？
(2) 大型风电机组设计中常用的发电机有哪几种形式？

2.4　实验3：液压系统实验

2.4.1　实验目的

(1) 熟悉高速轴制动系统和偏航制动系统的结构及工作原理。
(2) 了解高速轴制动系统和偏航制动系统在风电机组中的作用。
(3) 掌握高速轴制动系统和偏航制动系统的控制方法。

2.4.2　对应知识点

1. 风电机组液压系统的作用

在变桨距风电机组中，液压系统主要用于控制变桨距机构和机械制动，也用于偏航驱动与制动。大型风电机组常用电动机驱动变桨和偏航，液压系统在风电机组中主要用于高速轴制动和偏航制动等。

1) 高速轴制动的作用

风轮或主传动链维护时，高速轴制动器制动，防止维护过程中风力机转动造成设备损坏和人员伤亡。风力机在某些极端工况下，如变桨系统失灵导致桨叶无法收回时，高速轴制动，避免风力机产生更大损失。风力机收桨停机是一个缓慢的过程，当风力机转速降低到一定范围时，高速轴制动器制动，缩短停机时间。

2) 偏航制动的作用

偏航制动的作用是使偏航停止，同时可以设置偏航运动的阻尼力矩以使机舱平稳转动。

2. 实验控制原理

液压系统的工作原理如图2-9所示。

3. 高速轴制动系统的工作原理

高速轴制动器安装在齿轮箱高速轴上，制动盘安装在联轴器上，如图2-10所示。高速轴制动由作用在高速轴制动盘上的液压制动器来实现。制动器上的摩擦片夹紧制动盘，从而对制动盘产生制动力矩，使旋转的制动盘停转，或防止静止的制动盘旋转（如停机制动）。

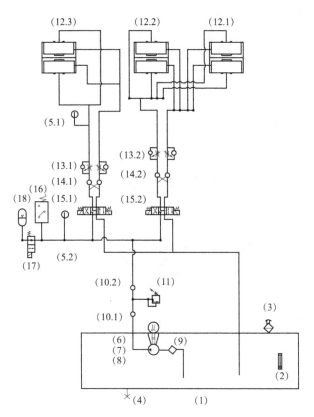

图 2-9 液压系统的工作原理

1—油箱；2—液位计；3—空气滤清器；4—放油堵；5—压力表；6—电动机；7—联轴器；8—齿轮泵；
9—吸油过滤器；10—单向阀；11—溢流阀；12—液压制动器；13—液控单向阀；14—单向节流阀；
15—电磁换向阀；16—压力继电器；17—二位二通电磁换向阀；18—蓄能器

图 2-10 高速轴制动系统的结构

4. 偏航制动系统的工作原理

如图 2-11 所示，偏航制动系统由摩擦盘和偏航制动器组成，摩擦盘固定在塔架上，偏航制动器固定在机舱主机架上。偏航制动由作用在塔筒顶部刹车盘上的若干个液压制动器来实现。液压制动器由两个半钳体对称安装组成，每个半钳体由一个缸体构成。缸体内有一个活塞，活塞上安装制动衬垫。通过改变液压缸的压力实现制动力的改变，通过改变活塞行程来实现制动器的制动与释放。

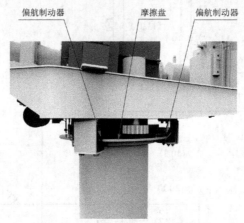

图 2-11 偏航制动系统的结构

2.4.3 实验步骤

1) 高速轴制动、释放实验

(1) 进入系统后，单击"实验项目"按钮，进入"实验选择"界面，单击"高速轴液压制动实验"选项卡，在拖动发电机未启动状态下（关闭"拖动使能"选项），操作面板上的"蓄能器欠压"指示灯未亮起。

(2) 按操作面板上的"高速轴制动"按钮 3 s 以上，高速轴制动器制动，液压站上的"高速轴电磁阀"指示灯切换到另一侧，同时可以听到"咔哒"一声，这时可以试图转动高速轴，高速轴不能运转，也可尝试启动拖动电机，由于程序处于互锁状态，它也无法启动。

(3) 单击操作面板上的"高速轴释放"按钮，高速轴制动器立即打开（无延时），这时拖动发电机可以正常启动。

(4) 在拖动发电机启动状态下，再次按操作面板上的"高速轴制动"按钮 3 s 以上，"高速轴电磁阀"指示灯无响应。

2) 偏航制动、释放实验

(1) 进入系统后，单击"实验项目"按钮，进入"实验选择"界面，单击"偏航液压制动实验"选项卡（如图 2-12 所示），在偏航电动机未启动状态下，操作面板上的"蓄能器欠压"指示灯未亮起。

（2）将操作面板上的"偏航模式"切换到"手动"状态，按操作面板上的"偏航制动"按钮 3 s 以上，偏航制动器制动，液压站上的"高速轴电磁阀"指示灯切换到另一侧，同时可以听到"咔哒"一声。

（3）观察偏航系统的 3 个偏航制动器是否处于锁紧状态，这时操作面板上的"偏航控制选择开关"切换到"顺时针"，偏航制动器释放，偏航电动机运行。

（4）为保证在偏航制动时不影响偏航动作，控制程序首先使偏航制动器释放，再进行偏航动作。

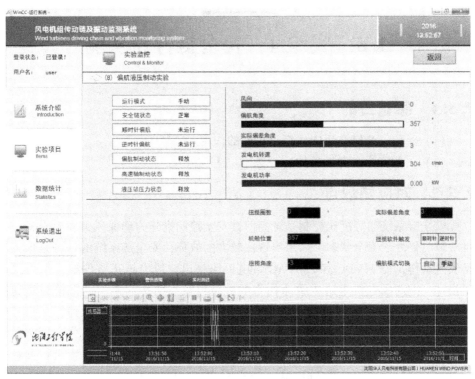

图 2-12　偏航液压制动实验界面

2.4.4　实验注意事项

在液压制动操作时请勿将手伸入制动盘中。

2.4.5　实验报告

（1）根据实验内容画出高速轴制动回路简图。

（2）根据实验内容画出偏航制动回路简图。

2.4.6 思考题

(1) 液压系统在大型风电机组中起什么作用？
(2) 液压系统包括哪些元件？
(3) 高速轴制动系统在风电机组中有什么作用？它由哪几部分组成？
(4) 风电机组在什么情况下才能进行高速轴制动？
(5) 偏航制动系统在风电机组中有什么作用？它由哪几部分组成？
(6) 风电机组在什么情况下才能进行偏航制动？

2.5 实验4：安全链停机实验

2.5.1 实验目的

(1) 了解安全链在风电机组运行时的作用。
(2) 了解安全链触发条件。

2.5.2 对应知识点

安全链系统的等级比控制系统高。其安全控制措施为确保风力发电设备在出现故障时仍处于安全状态。如果出现比较大的故障，安全链系统的任务是保证设备安全动作，使24VDC和230VAC带电回路掉电，风力机正常停机。采用反逻辑设计，把对风电机组造成致命伤害的故障点重点防护起来，以把损失降到最低。整个安全链带24VDC电，如果风电机组的某一块出现紧急故障，那么其中与它对应的节点断开，安全链失电，由安全继电器控制的230VAC供电回路同时失电。整个电磁阀回路和230V回路中的交流接触器停止，风电机组进行紧急刹车过程，执行机构的电源230VAC、24VDC失电，风电机组处于闭锁状态。

2.5.3 实验步骤

1. 发电机超速触发安全链实验

(1) 在进入安全链停机实验界面后，单击"安全链复位"按钮，清除上一次报警记录。在"发电机转速上限设定"对话框中输入"1 400"，使发电机转速上限设定在1 400 r/min，其他设定值设定为范围最大。

(2) 参照"发电机发电实验"启动拖动发电机，进入发电状态，旋转操作台上的"拖动速度"旋钮，增加发电机转动速度，在发电机转速小于1 400 r/min时，风轮、主轴及发电机正常运行，当发电机速度超过 1 400 r/min 时，会突然进入停机状态，"安全链状态"指示灯变为红色，在"警告故障"页面会亮起红色灯，"发电机超速"指示灯为报警状态。

（3）单击"安全链复位"按钮后清除安全链报警，但是"发电机超速"指示灯保持 10 s 后熄灭（为了防止触发复位按钮后忘记是哪个安全链被触发）。

（4）再次启动拖动发电机，发现无法启动，需要将"拖动速度"旋钮调整到最小，再增加才可以启动（防止安全链复位后发电机突然快速运转）。

2. 风轮超速触发安全链实验

（1）在进入安全链停机实验界面后，单击"安全链复位"按钮，清除上一次报警记录。在"主轴转速上限设定"对话框中输入"13"，使风轮转速上限设定在 13 r/min，其他设定值设定为范围最大。

（2）参照"发电机发电实验"启动拖动发电机，进入发电状态，旋转操作台上的"拖动速度"旋钮，增加发电机转动速度，在风轮转速小于 13 r/min 时，风轮、主轴及发电机正常运行，当风轮转速超过 13 r/min 时，会突然进入停机状态，"安全链状态"指示灯变为红色，在"警告故障"页面会亮起红色灯，"风轮超速"指示灯为报警状态。

（3）单击"安全复位"按钮后清除安全链报警，但是"风轮超速"指示灯保持 10 s 后熄灭。

（4）再次启动拖动发电机，发现无法启动，需要将"拖动速度"旋钮调整到最小，再增加才可以启动（防止安全链复位后设备突然快速运转）。

3. 振动超限触发安全链实验

（1）在进入安全链停机实验界面后，单击"安全链复位"按钮，清除上一次报警记录。在"主轴转速上限设定"对话框中输入"13"，使风轮转速上限设定在 13 r/min，其他设定值设定为范围最大。

（2）参照"发电机发电实验"启动拖动发电机，进入发电状态，旋转操作台上的"拖动速度"旋钮，增加发电机转动速度，在"振动上限设定"对话框中输入"15"。

（3）在操作面板上按"1#振动使能""2#振动使能""3#振动使能"按钮，将其下面的选择开关都切换至"启动"，顺时针转动"振动频率1#""振动频率2#""振动频率3#"旋钮，使辅助振动增加，当达到设定频率时风轮、主轴及发电机会突然进入停机状态，"安全链状态"指示灯变为红色，在"警告故障"页面会亮起红色灯，"风轮超速"指示灯为报警状态。

（4）单击"安全复位"按钮后清除安全链报警，但是"风轮超速"指示灯保持 10 s 后熄灭。

(5) 再次启动拖动发电机，发现无法启动，需要将"拖动速度"旋钮调整到最小，再增加才可以启动（防止安全链复位后设备突然快速运转）。

4. 功率超限触发安全链实验

(1) 在进入安全链停机实验界面后，单击"安全链复位"按钮，清除上一次报警记录。在"功率上限设定"对话框中输入"2"，使发电功率上限设定在 2 kW，其他设定值设定为范围最大。

(2) 参照"发电机发电实验"启动拖动发电机，进入发电状态，旋转操作台上的"拖动速度"旋钮，增加发电机转动速度，在发电量小于 2 kW 时，风轮、主轴及发电机正常运行，当发电量超过 2kW 时，会突然进入停机状态，"安全链状态"指示灯变为红色，在"警告故障"页面会亮起红色灯，"功率超限"指示灯为报警状态。

(3) 单击"安全复位"按钮后清除安全链报警，但是"功率超限"指示灯保持 10 s 后熄灭。

(4) 再次启动拖动发电机，发现无法启动，需要将"拖动速度"旋钮调整到最小，再增加才可以启动（防止安全链复位后设备突然快速运转）。

2.5.4 实验报告

(1) 当在不同转速下安全链触发停机时，记录停机时间于实验报告中。
(2) 在安全链触发停机时，记录振动变化。

2.5.5 思考题

(1) 安全链在风电机组中有何重要性？
(2) 该实验台有哪几项数值超限会引起安全链触发？

2.6 实验5：主传动链振动监测实验

2.6.1 实验目的

(1) 熟悉 MOS3000 在线监测分析软件。
(2) 掌握缩比平台主传动链的组成。
(3) 掌握旋转部件转频的计算方法。

2.6.2 对应知识点

1. 主传动链的组成

风电机组主传动链的功能是将风轮的动力传递给发电机。主传动链主要由主轴、主轴承、齿轮箱、联轴器和发电机等组成。主轴安装在风轮和齿轮箱之间,前端通过螺栓与轮毂刚性连接,后端与齿轮箱低速轴连接,主轴将风轮捕获的风能以转矩的形式传递给齿轮箱。

主轴承选用调心滚子轴承,主要用来承受径向负荷,同时也能承受一定量的轴向负荷,该轴承外圈滚道为球面形,故具有调心功能,是大型风电机组常用轴承类型之一。齿轮箱是将主轴的转速增大至发电机需要的转速。发电机的作用是将机械能转化为电能。

缩比平台的主传动链是依托大型风电机组主传动链结构缩比而成,如图2-13所示,它由主轴、主轴承、轴承座、齿轮箱、联轴器和发电机等组成。

其中主轴承选用调心滚子轴承(GB/T288)23120C。齿轮箱选用"两级行星+一级平行轴"传动,发电机为高速永磁发电机。

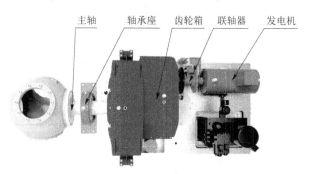

图2-13 缩比平台主传动链布局

2. 传感器的布置

一般情况下,测点数量及方向的确定应考虑以下原则:能对设备振动状态作出全面描述;尽可能选择机器振动的敏感点;测量位置应尽量靠近轴承的承载区,与被监测的转动部件最好只有一个界面;尽可能避免多层相隔,使振动信号在传递过程中减少中间环节和衰减量;测量点必须有足够的刚度。

依照以上的布置测点原则,图2-14所示为缩比平台的传感器布置。图中的数字代表采集仪的通道号,其中1号、2号和3号传感器为RH113,4号和5号传感器为RH103,6号和7号传感器为RH123。

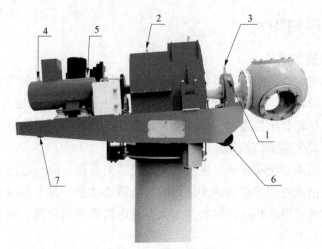

图 2-14 传感器布置

1 号传感器用来监测主轴、主轴承的水平振动，3 号传感器用来监测主轴、主轴承的垂直振动。2 号传感器用来监测拖动发电机的振动和齿轮箱平行级齿轮啮合的冲击振动。5 号传感器用来监测发电机前轴承的振动，4 号传感器用来监测发电机后轴承的振动。6 号和 7 号传感器用来监测主机架的振动。

3. 各旋转部件的转频计算方法

表 2-1 给出了缩比平台上主要部件的技术参数，计算转频时可以从表中读取数值。

表 2-1 缩比平台上主要部件的技术参数

部件名称	参数名称	参数值
拖动发电机	额定转速	1 420 r/min
	额定功率	4 kW
发电机	额定转速	1 200 r/min
	额定功率	3 kW
齿轮箱	总速比	1:90
	平行级速比	1:1
	平行级齿轮齿数	$z = 53$
	平行级齿轮模数	$m = 2$

$$f_t = \frac{n}{60} \tag{2-1}$$

其中，f_t 为频率，单位是 Hz；n 为转速，单位是 r/min。

下面以拖动发电机以额定转速（1 420 r/min）工作为例计算各个部件的转频：

$$f_t = \frac{n}{60} = \frac{1\ 420}{60} \approx 23.67 \qquad (2-2)$$

$$f_g = \frac{n}{60} = \frac{1\ 420}{60} \approx 23.67 \qquad (2-3)$$

$$f_{ge} = \frac{n}{60} \times z = \frac{1\ 420/90}{60} \times 53 \approx 13.94 \qquad (2-4)$$

$$f_s = \frac{n}{60} = \frac{1\ 420/90}{60} \approx 0.26 \qquad (2-5)$$

其中，f_t 是拖动发电机转动频率；f_g 是发电机转动频率；f_{ge} 是平行级齿轮啮合频率；f_s 是主轴转动频率。

2.6.3 实验步骤

（1）打开操作台的电脑柜，开启电脑，在电脑启动后，电脑屏幕上自动弹出图 2-15 所示在线监测服务窗口，单击"启动服务"按钮，如图 2-16 所示。当启动服务完成之后关闭当前对话框，双击桌面上的"MOS3000 在线监测系统"图标。

图 2-15　电脑启动后自动弹出在线监测服务窗口

图 2-16　启动在线监测服务

（2）按下操作台上的"拖动使能"按钮，将"拖动"旋钮旋转至"启动"，调节"拖动速度"由慢至快，并且同时观看操作台上右部触摸屏上显示的发电机转速数值，达到数值要求后停止旋钮旋转（该实验要求拖动发电机低速运行，为配合后续实验结果对比，此实验中拖动发电机转速为 300 r/min）。

（3）运行 MOS3000 在线监测系统，如图 2-17 所示是诊断分析运行界面，在界面的最上方有"趋势分析""时域波形""频谱分析"等分析按钮。单击左上方的配置树，可看到在线监测的设备为华人风电主传动链及振动监测系统，该设备在线监测的配置树中有"主轴-3V""主轴-1H""齿轮箱-2V""发电机-5V""发电机-4V""主机架-6H""主机架-6V""主机架-7H"和"主机架-7V"这些测点信息。对于测点"主轴-3V"，主轴代表测点的位置，"-3"代表此处为采集仪的第三个通道，"V"代表传感器测量的是垂直方向。需要单独说明的是主机架的两个传感器，主机架共设计了前、后两个测点，两处均采用 RH123 晃动传感器，该传感器能测量两个方向的振动值，故测点"主机架-6H"为主机架前端传感器的水平方向测量，"主机架-6V"为主机架前端传感器的垂直方向测量。

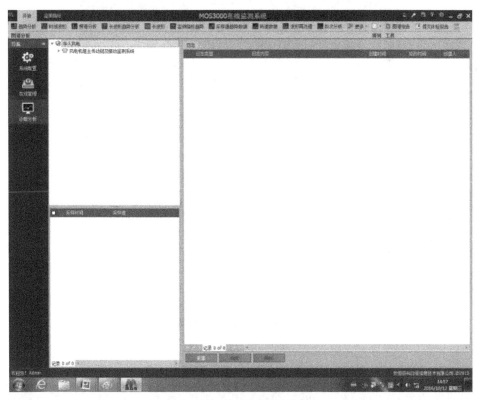

图 2-17 诊断分析运行界面

(4) 待监测系统监测设备 1 min 后,在屏幕的左下方会上传新的采样数据,如图 2-18 所示。首先选中配置树中的测点传感器和想要查询波形的时间,单击时域波形即查看该时间段下此测点的时域波形。

(5) 单击测点"主轴 -3V",查看该测点的时域波形图(图 2-19),在波形图中找到振动能量最大的波形加速度数值,并记录该点加速度数值。

(6) 计算各个运动部件的转频数值(拖动发电机额定转速为 300 r/min)。

$$f_t = \frac{n}{60} = \frac{300}{60} = 5 \tag{2-6}$$

$$f_g = \frac{n}{60} = \frac{300}{60} = 5 \tag{2-7}$$

$$f_{ge} = \frac{n}{60} \times z = \frac{300/90}{60} \times 53 \approx 2.94 \tag{2-8}$$

$$f_s = \frac{n}{60} = \frac{300/90}{60} \approx 0.06 \tag{2-9}$$

☑	采样时间	采样值	仪器序列号	备注
☑	2016-10-12 15:37:55	0.01	10000088	
☑	2016-10-12 15:17:55	0.269	10000088	
☑	2016-10-12 14:57:55	0.01	10000088	
☑	2016-10-12 14:17:55	0.01	10000088	
☑	2016-10-12 13:57:56	0.01	10000088	
☑	2016-10-12 13:37:55	0.01	10000088	
☑	2016-10-12 13:17:54	0.01	10000088	
☑	2016-10-12 12:57:56	0.01	10000088	
☑	2016-10-12 12:37:55	0.01	10000088	
☑	2016-10-12 12:17:55	0.01	10000088	
☑	2016-10-12 11:57:56	0.08	10000088	
☑	2016-10-12 11:37:55	0.38	10000088	
☑	2016-10-12 11:17:55	0.01	10000088	
☑	2016-10-12 10:57:56	0.077	10000088	
☑	2016-10-12 10:37:55	0.01	10000088	
☑	2016-10-12 10:17:55	0.086	10000088	

记录 1 of 200

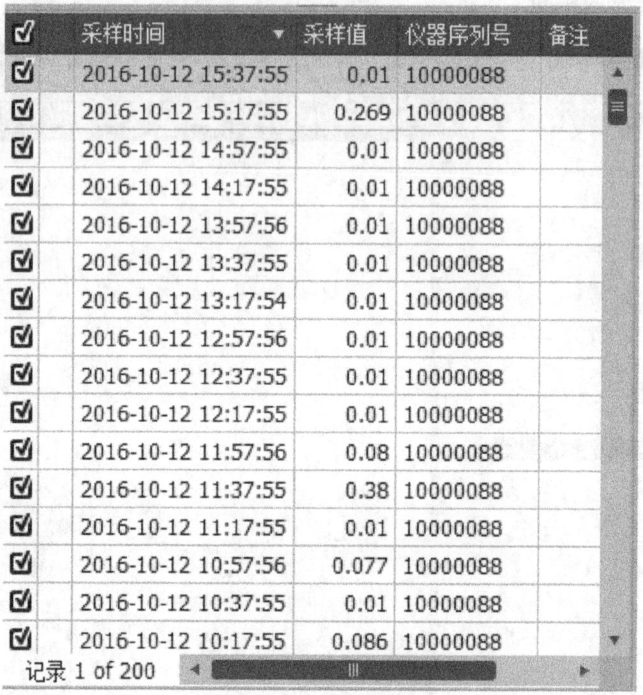

图 2－18 采样数据

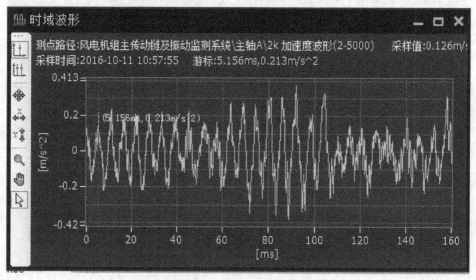

图 2－19 测点“主轴－3V”的时域波形

(7) 查看测点"主轴-3V"的频谱,在波形图中找出主轴转频对应的加速度数值、平行轴齿轮啮合频率对应的加速度数值,并且截屏保存(图2-20)。

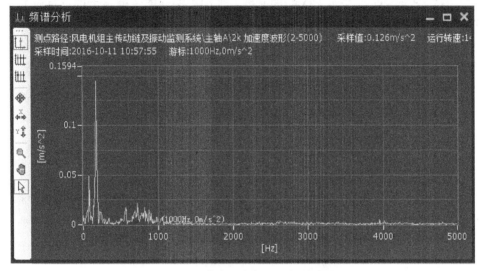

图2-20 测点"主轴-3V"的频谱

(8) 查看测点"发电机-4V"的频谱,在波形图中找出发电机转频下的加速度数值,并且截屏保存。

(9) 使用加速度数值在坐标纸上绘出主轴的轴心轨迹。

打开测点"主轴-3V"和"主轴-1H"的时域波形图,选择同一时刻下的加速度数值,"主轴-3V"读取的加速度数值为坐标纸的纵坐标数值,该时刻下"主轴-1H"读取的加速度数值为坐标纸的横坐标数值,至少绘制20个点。

(10) 将拖动发电机转速分别调至600 r/min、900 r/min、1420 r/min 运行,保证每个转速下运行时至少有两组波形上传。查看测点"主轴-3V"最后时刻的趋势分析图。

2.6.4 实验注意事项

(1) 由于该实验结果作为基础和后续实验结果作对比,所以实验时拖动发电机需保证转速为300 r/min。

(2) 为确保实验结果的准确性,每个测点要监测3个以上波形图。

2.6.5 实验报告

(1) 绘制缩比平台传动链简图,传动链简图中需配置测点传感器。

(2) 计算拖动发电机在 300 r/min 运行时，主轴转频数值、平行轴齿轮啮合频率、拖动发电机转频数值、发电机转频数值。

(3) 记录测点"主轴-3V"的时域波形图中振动能量值最大的点对应的时间和加速度数值。

(4) 在测点"主轴-3V"的频谱波形图中，将主轴转频点截屏并且记录转频数值所对应的加速度值。

(5) 在测点"主轴-3V"的频谱波形图中，将平行轴齿轮啮合频率截屏。

(6) 绘制测点"主轴-3V"在升速过程中的趋势分析图。

(7) 使用加速度数值在坐标纸上绘出主轴的轴心轨迹。

2.6.6 思考题

(1) 按照实验要求查看测点"齿轮箱-2V""发电机-5V"的时域波形图，并且在波形图中找到振动能量值最大的点对应的时间和加速度数值。

(2) 传感器 RH113、RH103、RH123 的频率响应范围是多少？

2.7 实验6：传动链平衡性监测实验

2.7.1 实验目的

(1) 掌握激励力的算法。
(2) 简单读取频谱波形图。

2.7.2 对应知识点

对应知识点见 2.6.2 节。

2.7.3 实验步骤

(1) 实验前准备：实验指导教师需要在此项实验之前将配重块安装在联轴器上，目的是让传动链产生偏心振动。步骤如下：

①拆卸保护罩：如图 2-21 所示，使用 M5 内六角扳手将保护罩螺栓拆下。

②安装配重块：如图 2-22 所示，摆放配重块一和配重块二，使用 M10 内六角扳手将配重块一和配重块二安装在联轴器上，螺栓一定要拧紧，以防止配重块旋转时脱落。

③安装保护罩：在配重块安装完以后，将拆下来的保护罩重新使用螺栓固定好。

第 2 章 风电机组主传动链及振动监测系统

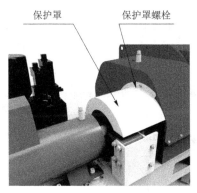

图 2-21 拆卸保护罩

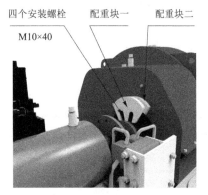

图 2-22 安装配重块

（2）参照实验 5 的操作步骤运行 MOS3000 在线监测系统。
（3）参照实验 5 的步骤调节发电机转速，使拖动发电机转速为 300 r/min。
（4）监测 3 组以上波形分析图。
（5）配重块的质心位置如图 2-23 所示，计算其激励力如下：

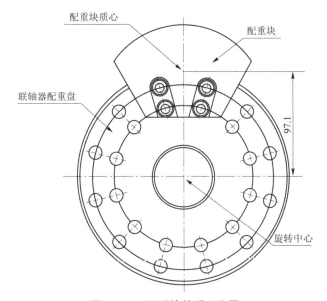

图 2-23 配重块的质心位置

已知条件：配重块重量（由三维软件计算得知）$m = 2$ kg；配重块质心旋转半径 $R = 97.1$ mm；配重块旋转角速度 $\omega = \dfrac{300}{9.55} = 31.4$（rad/s）。

计算过程:

$$F = mR\omega^2 = 2 \times 97.1 \times 10^{-3} \times 31.4^2 = 191.5 \text{ （N）} \quad (7-1)$$

$$F_X = F \times \sin \omega t \quad (7-2)$$

其中，F 为激励力；F_X 为激励力在横轴的分解力；t 为激励力的工作时间。

F_X 随 t 的变化曲线如图 2-24 所示，其傅里叶变换曲线如图 2-25 所示，得到激励力产生的频率值为 4.997 Hz。在测点"主轴-3V"和"主轴-1H"的频谱分析图上找到激励力产生的频率值和其对应的加速度值。

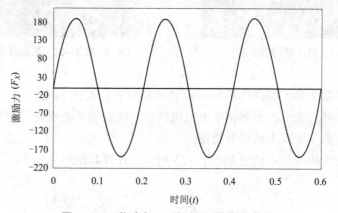

图 2-24　激励力 F_X 随时间 t 的变化曲线

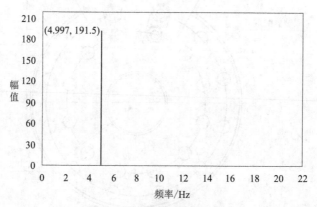

图 2-25　傅里叶变换曲线

（6）读取测点"主轴-3V"和"主轴-1H"的时域波形图，并记录振动能量最大时的加速度数值。根据其加速度数值在坐标纸上绘制出轴心轨迹。

（7）读取测点"齿轮箱-2V"和"发电机-5V"的频谱波形图，在波形图中找到拖动发电机的转动频率、齿轮箱平行轴齿轮的啮合频率。

2.7.4 实验注意事项

(1) 在实验过程中,为了避免因螺栓松动配重块被甩出造成人身伤害,所有人员必须远离实验台。

(2) 在实验过程中,发电机的转速为 300 r/min。

(3) 此项实验结束后应当把配重块拆卸下来,以免耽误进行其他项实验,拆卸配重块的过程请参照安装配重块的工序进行。

2.7.5 思考题

(1) 分析测点"主机架-6H"和"主机架-6V"的时域波形图中最大的能量是由哪个部件引起的。

(2) 振源一对哪个传感器采集的数值影响最大?

2.8 实验7:振源二作用下实验台状态监测实验

2.8.1 实验目的

(1) 掌握通过旋转部件的轴心轨迹图形来分析轴系故障的方法。

(2) 掌握软件中瀑布图、滤波等分析功能模块的使用。

2.8.2 对应知识点

对应知识点见2.6.2节。

2.8.3 实验步骤

(1) 参照实验5的操作步骤运行 MOS3000 在线监测系统。

(2) 开启设备按钮,调节转速旋钮,使拖动发电机转速达到 300 r/min。

(3) 按下"振动使能 2#"和"振动使能 3#"按钮,指示灯变绿,将旋钮"振动 2#"和"振动 3#"旋转至"启动",由低至高调节"振动频率 2#"和"振动频率 3#",观察右部触摸屏上显示的"2#振动发电机"和"3#振动发电机"频率值,将"2#振动发电机"和"3#振动发电机"频率值调节至 5 Hz、10 Hz、15 Hz(保证每个振动频率下至少有两组波形上传)。

(4) 待"2#振动发电机"和"3#振动发电机"15 Hz 振动波形上传完毕,读取 15 Hz 振动时测点"主机架-7V""主机架-7H"和"主机架-6H""主机架-6V"的时域波形和频谱波形。

(5) 使用加速度数值在坐标纸上绘出主轴的轴心轨迹。

(6) 选中 15 Hz 振动上传的波形,然后选择"趋势分析"选项,查看"2#振动发电机"和"3#振动发电机"在 3 个振动频率下测点"主机架 - 7H"和"主机架 - 7V"的趋势分析图。

(7) 查看测点"主机架 - 7H"的瀑布图,并在瀑布图中找到振动发电机的工作频率。

2.8.4 实验注意事项

(1) 由于实验结果要和上述实验作对比分析,因此该项实验中拖动发电机转速为 300 r/min。

(2) 开启振动发电机,在操作台前进行分析,远离缩比平台。

2.8.5 实验报告

(1) 将 3 个实验的轴心轨迹图形作对比,分析 3 个实验的轴心轨迹图形。下面列出典型故障的轴心轨迹特征:

①设备运转正常的轴心轨迹是圆形;

②若设备存在不对中故障,则其轴心轨迹呈香蕉形或"8"字形,正进动;

③若设备存在不平衡故障,则其轴心轨迹为椭圆形,正进动。

(2) 将实验 5、实验 6、实验 7 中测点"主轴 - 3V"的趋势分析图作对比,图形附于报告中,并且找出这 3 种振动情况下主轴转频下的加速度数值。

(3) 测点"主机架 - 6H""主机架 - 6V""主机架 - 7H""主机架 - 7V"分别在振源一工作时和在振源二工作时的时域波形和频谱波形对比如表 2 - 2 所示。

表 2 - 2 在振源一工作时和在振源二工作时主机架测点波形对比

振源一以 15 Hz 工作	振源二以 15 Hz 工作
传动链转速为 300 r/min	
测点"主机架 - 6H"的时域波形	

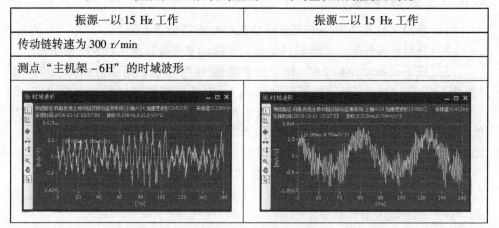

续表

时域波形图中振动能量最大时的加速度数值	
实验结果：	实验结果：
测点"主轴-6H"的频谱波形	
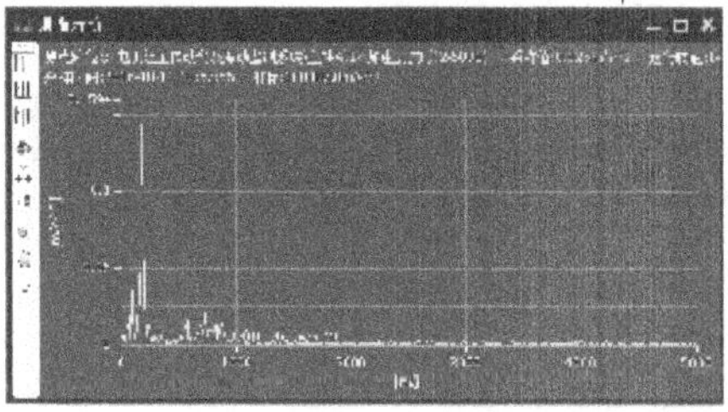	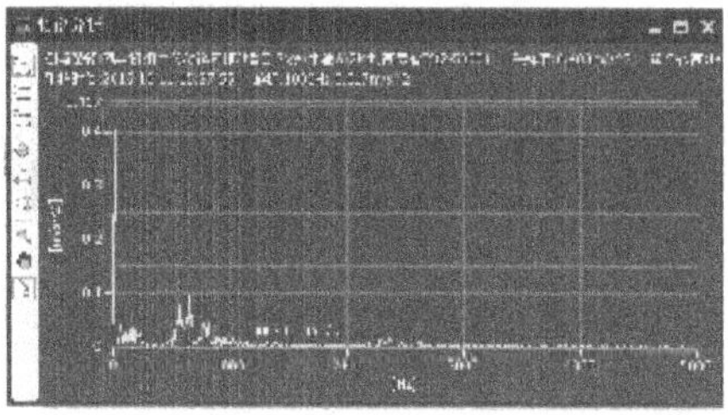
振源一以 15 Hz 工作时对应的加速度数值	振源二以 15 Hz 工作时对应的加速度数值
实验结果：	实验结果：

（4）在振源二以 15Hz 工作时，将测点"主机架-7H"和"主机架-7V"的瀑布图截图附于报告中，并且在瀑布图中找到振源二的工作频率。

2.8.6　思考题

（1）在传动链不平衡、振源一和振源二这 3 种振动中，哪种振动是对主轴影响最大的？

（2）使用测点"主轴-3V"和"主轴-1H"将实验 5、实验 6、实验 7 的结果与实验五作对比，并分析每个实验的频谱图。

第 3 章

风电机组液压制动系统实验装置

3.1 概 述

风电机组液压制动系统实验装置是基于高素质和可持续发展新一代应用型人才培养理念，围绕风力发电运营、整机及关键零部件制造企业的需求设计的专业实验设备。其设计参照大型风电机组液压制动系统，深入结合液压系统设计理论和工程实际，其原理、组成、结构与工程实际一致，在此基础上增加了教学、实验功能。

实验装置由液压站系统、高速轴制动系统、偏航制动系统、液压变桨系统、电气控制系统、实验桌、储物柜等组成。实验装置采用敞开式结构的操作板，各种真实液压元件安装在操作板上，由可编程控制器 PLC 控制，通过计算机和触摸屏系统进行实验操作和参数修改。实验装置配置有压力传感器、位移传感器等，以满足各项实验参数测试的需要。实验装置所涉及的实验包括高速轴制动控制、偏航制动控制、液压变桨控制、溢流阀调压、电磁换向阀换向回路、液控单向阀保压、电磁球阀控制等。

实验设计紧扣新能源专业课程体系，本着循序渐进的原则，由浅入深。认真完成本书所列实验，有助于更好地理解风电机组高速轴制动系统、偏航制动系统、液压变桨系统的组成、结构、工作方式、控制技术等专业知识。

3.2 风电机组液压制动系统的原理

液压制动系统是以有压液体为介质，实现动力传输和运动控制的机械设备。

液压系统具有传动平稳、功率密度大、容易实现无级调速、易于更换元器件、过载保护可靠等优点,在大型风电机组中得到广泛应用。

3.2.1 风电机组液压制动系统的作用

在变桨距风电机组中,液压制动系统主要用于变桨距机构控制、高速轴制动、偏航制动等。图3-1所示为风电机组液压站。

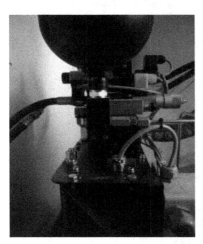 

图3-1 风电机组液压站

高速轴制动作用及偏航制动作用见2.4.2节,液压变桨距作用如下:

(1) 功率调节作用。

变桨距控制是最常见的控制风电机组吸收风能的方法。

在额定风速以下时,风电机组应该尽可能捕捉较多的风能,桨距角设定值设定在能够吸收最大功率的最优值,所以这时没有必要改变桨距角,一般桨距角设定在0°附近,以便让叶轮尽可能多地吸收风能,此时,空气动力载荷通常比在额定风速小。

在额定风速以上时,变速控制器和变桨控制器共同作用,通过变速控制器即控制发电机的扭矩,通过变桨调节发电机转速,使其始终跟踪发电机转速的设定值,从而使功率恒定。

(2) 气动制动作用。

风电机组变桨控制系统是风力机的主要停车机制,通过将桨叶迅速顺桨至停机位置来完成气动制动。

3.2.2 实验装置的结构组成

风电机组液压制动系统实验装置由液压站系统、高速轴制动系统、偏航制动系统、液压变桨系统、电气控制系统、实验桌、储物柜等组成,如图3-2所示。

液压站系统由油箱、电机、齿轮泵、蓄能器、过滤器、液压管路、压力表、液压阀件等组成。

高速轴制动系统由主轴制动盘和一个液压制动器组成。

偏航制动系统由偏航制动盘和两个液压制动器组成。

液压变桨系统由一个双作用单活塞杆液压缸模拟叶片液压变桨,实现叶片开桨和关桨的功能。

电气控制系统包括PLC可编程控制器、中间继电器、开关电源、断路器、压力传感器、按钮、指示灯、计算机、触摸显示屏等。

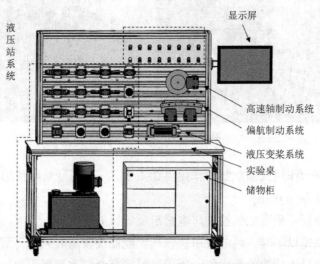

图3-2 风电机组液压制动系统实验装置外观

3.2.3 实验控制原理

1. 液压制动系统实验装置的液压原理

风电机组的液压制动系统的主要功能是刹车(高、低速轴,偏航刹车)、变桨控制、偏航控制。在定桨距风电机组中,液压制动系统的主要作用是提供风电机组的气动刹车、机械刹车的压力,控制机械与气动刹车的开启,实现风电机组的开机和停机。在变桨距风电机组中,液压系统主要控制变距机构,实现风电机组的转速控制、功率控制,同时也控制机械刹车机构及驱动偏航减速器。定桨距风电机组的液压系统气动刹车机构是由安装在叶尖的气动扰流器通过钢丝绳与叶片根部液压油缸的活塞杆相连接构成的。

当风电机组正常运行时，在液压力的作用下，叶尖扰流器与叶片主体部分紧密地合为一体，组成完整的叶片。当风电机组需要停机时，液压油缸失去压力，扰流器在离心力的作用下释放并旋转 70°～90°形成阻尼板，由于叶尖部分处于叶片的最远端，整个叶片作为一个长的杠杆，使扰流器产生相当大的气动阻力，使风电机组的叶轮转速迅速降下来直至停止，这一过程即叶片空气动力刹车。

2. 高速轴制动

高速轴制动时，电动机启动，通过联轴器驱动液压泵向主油路输送压力油。压力油通过溢流阀调节压力后进入三位四通电磁换向阀，电磁换向阀 b 端电磁铁得电，压力油经过液控单向阀、单向节流阀进入液压制动器活塞有杆腔，活塞推动摩擦片前进，夹紧摩擦盘。

3. 高速轴释放

高速轴释放时，电动机启动，通过联轴器驱动液压泵向主油路输送压力油。压力油通过溢流阀调节压力后进入三位四通电磁换向阀，电磁换向阀 a 端电磁铁得电，压力油经过液控单向阀、单向节流阀进入液压制动器活塞无杆腔，活塞推动摩擦片后退，松开摩擦盘。

4. 偏航制动

偏航制动时，电动机启动，通过联轴器驱动液压泵向主油路输送压力油。压力油通过溢流阀调节压力后进入三位四通电磁换向阀，电磁换向阀 b 端电磁铁得电，压力油经过液控单向阀、单向节流阀进入液压制动器活塞有杆腔，活塞推动摩擦片前进，夹紧摩擦盘。

3.3 实验1：液压变桨控制实验

3.3.1 实验目的

（1）熟悉液压变桨控制系统的结构及工作原理。
（2）了解液压变桨控制系统在风电机组中的作用。
（3）掌握手动变桨控制的方法。
（4）掌握自动变桨控制的方法。

3.3.2 实验内容

（1）手动变桨实验；

(2) 自动变桨实验；

(3) 紧急收桨实验；

(4) 蓄能器作用的变桨实验。

3.3.3 对应知识点

1. 液压变桨控制系统的作用

风电机组变桨的目的是通过控制桨距角来调节叶轮吸收风能的功率。

在额定风速以下时，风电机组应尽可能多地捕捉风能，桨距角设定值设定在能够吸收最大功率的最优值，此时桨距角一般设定在0°附近。

在额定风速以下时，通过控制叶片桨距角来控制风力机转速，使之获得额定功率输出。

叶片作为空气动力制动装置迅速顺桨至停机位置以减小轮毂旋转速度，实现安全停机。

2. 液压变桨控制系统的工作原理

液压变桨风力机根据驱动形式可分为独立液压变桨和统一液压变桨两种类型。独立液压变桨系统的3个液压缸布置在轮毂内，以曲柄滑块的运动方式分别给3个叶片提供变桨距驱动力（如图3-3所示），因为变桨过程彼此独立，一组变桨出现故障后，风电机组仍可通过调整其余两组变桨机构完成空气动力控制，设计可靠性较高，所以大型风电机组液压变桨方式多采用独立液压变桨。

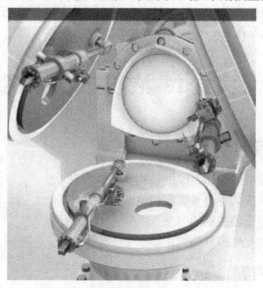

图3-3 独立液压变桨系统的结构

叶片桨距角的变化是通过液压制动系统控制液压缸的运动来实现的，图3-4所示为变桨距液压驱动示意。

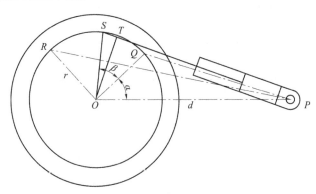

图3-4 变桨距液压驱动示意

如图3-4所示，O点为变桨轴中心，P点为液压缸偏转铰接点，与轮毂相连，S点为活塞杆与叶片连接盘铰接点，OT为液压缸负载力的力臂。活塞杆运动到S点时桨距角为β。Q点为液压缸活塞杆初始位置，叶片桨距角β为0°，R点位置为叶片桨距角β为90°时的活塞杆位置，P到O点的距离为d。

在叶片关桨过程中，活塞杆S点沿圆周方向从Q点运动到R点；在叶片开桨过程中，活塞杆S点沿圆周方向从R点运动到Q点。

$$|PS| = \sqrt{r^2 + d^2 - 2rd\cos(\beta + \alpha)} \tag{3-1}$$

$$|OT| = \frac{rd\sin(\beta + \alpha)}{\sqrt{r^2 + d^2 - 2rd\cos(\beta + \alpha)}} \tag{3-2}$$

$$F = P_0 \cdot A \tag{3-3}$$

其中，P_0为工作压力，单位为Pa；A为活塞有效作用面积，单位为m²。

变桨力矩T_0为

$$T_0 = F \cdot |OT| = \frac{P_0 Ard\sin(\beta + \alpha)}{\sqrt{r^2 + d^2 - 2rd\cos(\beta + \alpha)}} \tag{3-4}$$

实验台液压变桨系统参数如表3-1所示。

表3-1 液压变桨系统参数

序号	名称	数值
1	液压缸行程L	200 mm
2	液压缸内径d_0	40 mm
3	活塞杆直径d_1	25 mm

续表

序号	名称	数值
4	d	375 mm
5	r	144 mm
6	α	40°

备注：|PQ| =280.4 mm，|PR| =480.4mm。

3.3.4 实验步骤

1. 手动开、关桨实验

（1）在实验界面单击"实验设置"按钮，单击变桨控制模式切换按钮，选择手动变桨控制（切换按钮 A 背景变为绿色），单击液压泵控制模式切换按钮，选择自动运行液压泵（切换按钮 B 背景变为绿色），选择正常变桨状态（切换按钮 A 背景变为绿色），如图 3-5 所示。

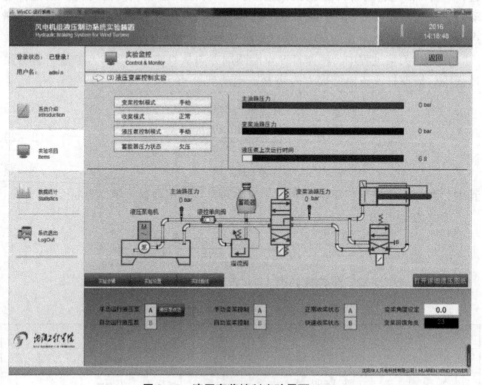

图 3-5 液压变桨控制实验界面（1）

(2) 在操作面板上单击"开桨"按钮,变桨液压缸向左侧缩进,到达 90°后停止,在运行时液压泵会根据设定压力启动、停止。

(3) 在操作面板上单击"关桨"按钮,变桨液压缸向右侧缩进,到达 0°后停止,在运行时液压泵会根据设定压力启动、停止。

2. 自动变桨实验

(1) 在实验界面单击"实验设置"按钮,单击变桨控制模式切换按钮,选择自动变桨控制(切换按钮 A 背景变为绿色),单击液压泵控制模式切换按钮,选择自动运行液压泵(切换按钮 B 背景变为绿色),选择正常变桨状态(切换按钮 A 背景变为绿色),如图 3-6 所示。

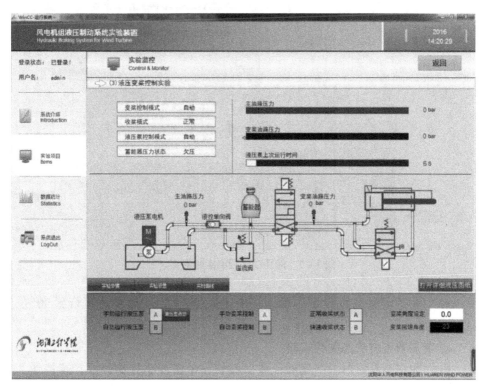

图 3-6 液压变桨控制实验界面 (2)

(2) 在"变桨角度设定"输入框中输入"30",观察液压缸运行动作,它会自动运行到相应位置。

(3) 根据设定角度计算运动距离与实际运行是否一致。

3. 安全链触发关桨实验(快速收桨实验)

(1) 在实验界面单击"实验设置"按钮,单击变桨控制模式切换按钮,选择自动变桨控制（切换按钮 A 背景变为绿色），单击液压泵控制模式切换按钮，选择自动运行液压泵（切换按钮 B 背景变为绿色），选择快速收桨状态（切换按钮 B 背景变为绿色），如图 3-7 所示。

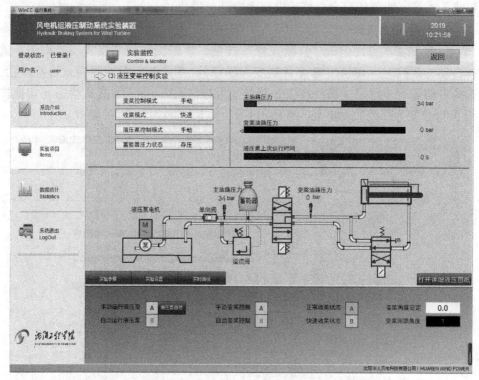

图 3-7　液压变桨控制实验界面 (3)

（2）在"变桨角度设定"输入框中输入"90"，变桨快速运行到 90°位置（顺桨位置）。

4. 蓄能器压力状态关桨实验

（1）在实验界面单击"实验设置"按钮，单击变桨控制模式切换按钮，选择自动变桨控制（切换按钮 B 背景变为绿色），单击液压泵控制模式切换按钮，选择手动运行液压泵（切换按钮 A 背景变为绿色），选择正常变桨状态（切换按钮 A 背景变为绿色），如图 3-8 所示。

（2）按住"启动"按钮（液压泵控制按钮），使液压泵启动 5 s 以给蓄能器蓄压。

（3）设定变桨角度为 90°，变桨可以正常运行到设定位置（在运行中不需要手动为其补压）。

第 3 章 风电机组液压制动系统实验装置

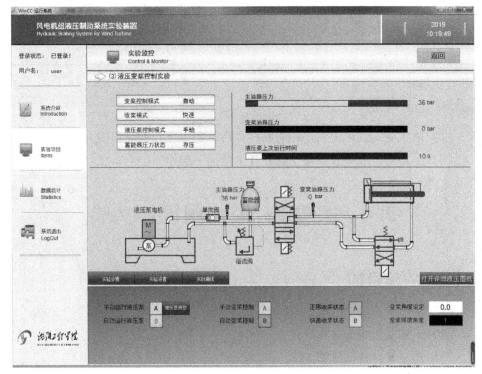

图 3-8 液压变桨控制实验界面 (4)

3.3.5 实验报告

(1) 根据实验内容画出正常变桨、快速收桨液压回路简图。

(2) 根据实验内容填写三位四通电磁换向阀和二位四通电磁换向阀电磁铁工作表,如表 3-2 所示。

表 3-2 电磁换向阀电磁铁工作表

启动按钮	三位四通电磁换向阀电磁铁		二位四通电磁换向阀电磁铁	变桨状态
	左位	右位		

(3) 根据实验内容填写变桨角度与液压缸活塞杆位移,如表 3-3 所示,绘制位移-桨距角曲线。

表 3-3 变桨角度与液压缸活塞杆位移

变桨角度值/（°）	液压缸活塞杆位移/mm

3.3.6 思考题

（1）液压变桨在风电机组中有哪些作用？它由哪几部分组成？

（2）手动开、关桨在实际中会在什么情况下操作？

3.4 实验2：溢流阀调压实验

3.4.1 实验目的

（1）了解溢流阀的结构。

（2）了解溢流阀的工作原理。

（3）熟悉溢流阀的功能。

（4）掌握溢流阀的使用方法。

3.4.2 对应知识点

DBD 型溢流阀是直接作用式溢流阀，有锥阀结构（压力到 40 MPa）和球阀结构（压力到 63 MPa）。

为了保证良好的流量特性，压力范围分为 7 个压力级，每个压力级对应一种弹簧，溢流阀的最大调整压力与压力级相同。7 种压力级为：2.5、5、10、20、31.5、40、63（MPa）。

DBD 型溢流阀有 3 种压力调节方式——调节手柄、带锁调节手柄、带保护罩的调节螺栓，以及 3 种连接方式——板式、管式、插入式，如图 3-9 所示。板式和管式结构是在插入式阀上装上相应的阀体。

DBD 型溢流阀体积小、结构紧凑、流量特性好、噪声小、压力稳定，广泛应用在小流量系统中，作为安全阀、遥控阀。

DBD 型溢流阀的插入式结构如图 3-10 所示，该阀由阀体①、弹簧②、调节机构③、具有减震活塞的锥阀/球阀④及弹簧座⑤组成。锥阀靠弹簧力固定在弹簧座上，通过调节机构调整弹簧来无级调整压力，压力油从 P 口进入阀内，作用在锥阀和减震活塞上,当达到调定压力时,压力油克服弹簧力将锥阀抬起,压力油流向 T 口。

图 3-9 DBD 型溢流阀

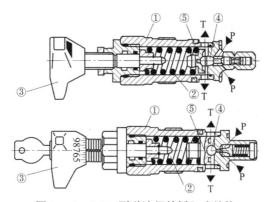

图 3-10 DBD 型溢流阀的插入式结构

3.4.3 实验步骤

(1) 逆时针旋转溢流阀旋钮,直到不能旋转为止。

(2) 进入实验界面后单击"实验设置"按钮,选择"手动运行液压泵"模式控制(切换按钮 A 背景变为绿色),如图 3-11 所示。按住"启动"按钮,液压泵会启动,观察主油路压力表压力值达到稳定松开,此时压力值为 2 MPa。

(3) 顺时针调节溢流阀旋钮(半圈左右),启动液压泵,观察主油路压力表压力值。

(4) 重复第(3)步,当主油路压力表压力值达到 3.5 MPa 后停止。通过观察系统压力变化可以了解溢流阀通过调节机构调整弹簧来无级调整压力。一旦达到调定压力便会将主油路介质引入旁路，故此称作溢流阀。

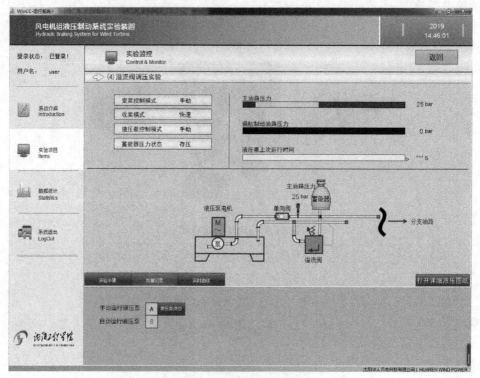

图 3-11 溢流阀实验界面

3.4.4 实验报告

（1）根据实验内容画出溢流阀调压回路简图。
（2）根据实验内容记录系统压力值，如表 3-4 所示。

表 3-4 系统压力值

实验次数	系统压力值/MPa

3.4.5 思考题

（1）溢流阀在系统中起什么作用？
（2）电磁球阀在开路和闭路状态下用溢流阀调节系统压力的结果有什么不同？为什么？

3.5 实验3：电磁换向阀换向回路实验

3.5.1 实验目的

(1) 了解三位四通电磁换向阀的结构。
(2) 了解三位四通电磁换向阀的工作原理。
(3) 熟悉三位四通电磁换向阀的功能。
(4) 掌握三位四通电磁换向阀的使用方法。

3.5.2 对应知识点

WE6…61B/…型电磁换向阀结构如图3-12所示，其主要特征为导磁套螺纹与阀体上螺纹直接旋合，靠电磁铁通电吸合时产生的推力直接驱动换向滑阀作换向运动，控制油液流向开始、停止和换向。

该阀主要由阀体①、一个或两个电磁铁②、阀芯③及一个或两个复位弹簧④组成。

当电磁铁未通电时，阀芯③被复位弹簧④保持在中位或起始位置。阀芯③的动作由湿式电磁铁②实现，当电磁铁②通电时，电磁铁的力经推杆⑤作用在阀芯③上，将其由静止位置推到所需的工作位置。使油液由P到A、B到T通，或由P到B、A到T通。当电磁铁断电时，阀芯③被复位弹簧④推回到原始位置，此时可以推动手动按钮⑥使阀芯运动。

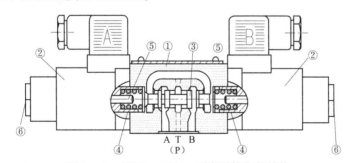

图3-12　WE6…61B/…型电磁换向阀结构

3.5.3 实验步骤

(1) 调节溢流阀使系统压力达到额定压力2.5 MPa。

(2) 进入实验界面后单击"实验设置"按钮,选择"自动运行液压泵"模式控制(切换按钮 B 背景变为绿色),如图 3-13 所示。

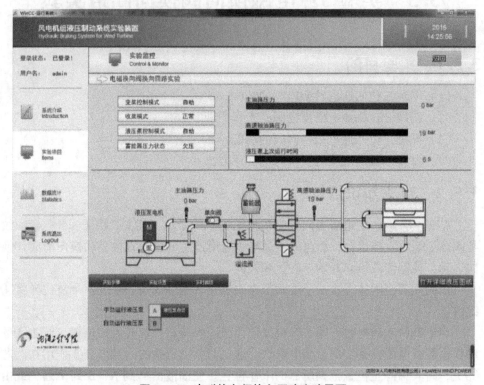

图 3-13 电磁换向阀换向回路实验界面

(3) 在操作面板单击"高速轴制动"按钮,观察电磁继电器电磁铁及制动器动作。

(4) 在操作面板单击"高速轴释放"按钮,观察电磁继电器电磁铁及制动器动作。

(5) 在操作面板单击"偏航制动"按钮,观察电磁继电器电磁铁及制动器动作。

(6) 在操作面板单击"偏航释放"按钮,观察电磁继电器电磁铁及制动器动作。

3.5.4 实验报告

(1) 根据实验内容画出电磁换向阀换向回路简图。

(2) 根据实验内容填写三位四通电磁换向阀电磁铁工作表,如表 3-5 所示。

表 3-5 电磁换向阀电磁铁工作表

启动按钮	左位电磁铁	右位电磁铁	制动器状态

3.5.5 思考题

(1) 进油路为什么接电磁换向阀 P 口?

(2) 如果将电磁换向阀 A、B 两个出口所接管路互换将会出现什么实验现象?

3.6 实验 4: 液控单向阀保压实验

3.6.1 实验目的

(1) 了解液控单向阀（液压锁）的结构。
(2) 了解液控单向阀的工作原理。
(3) 熟悉液控单向阀的功能。

3.6.2 对应知识点

Z2S6 型阀是叠加式结构的液控单向阀，即使长时间保压，一个或两个工作油口仍保持无泄漏的密封。

由 A 至 A1 或由 B 至 B1 是自由流通的，而反方向则封闭。如图 3-14 所示，当油从 B 流向 B1 时，压力作用在活塞①上，活塞①便向右，将阀芯②推离阀座，此时油便从 A1 流向 A。

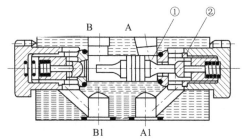

图 3-14 Z2S6 型液控单向阀的结构

3.6.3　实验步骤

(1) 调节溢流阀使系统压力达到额定压力 2.5 MPa。

(2) 进入实验界面后单击"实验设置"按钮，选择"自动运行液压泵"模式控制（切换按钮 B 背景变为绿色），如图 3-15 所示。

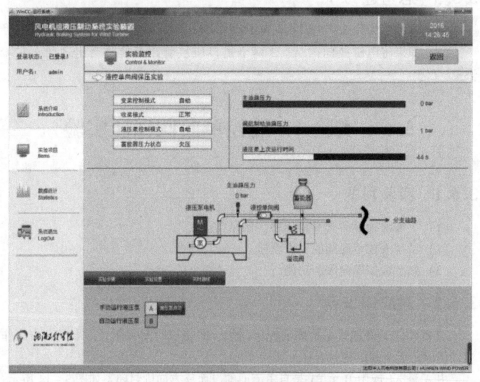

图 3-15　液控单向阀保压实验界面

(3) 在操作面板单击"高速轴制动"按钮，观察分油路压力表及压力传感器示数。

(4) 在操作面板单击"高速轴释放"按钮，观察分油路压力表及压力传感器示数。

3.6.4　实验报告

(1) 根据实验内容画出液控单向阀工作简图，说明保压原理。

(2) 根据实验内容记录分油路压力表及压力传感器示数，如表 3-6 所示。

表3-6 分油路压力表及压力传感器示数

启动按钮	制动器状态	分油路压力表示数/MPa	传感器示数/bar

3.6.5 思考题

(1) 液控单向阀在高速轴制动、偏航制动中分别起什么作用？
(2) 简述液控单向阀的工作原理。

3.7 实验5：电磁球阀控制实验

3.7.1 实验目的

(1) 了解二位二通电磁球阀的结构。
(2) 了解二位二通电磁球阀的工作原理。
(3) 熟悉二位二通电磁球阀的功能。

3.7.2 对应知识点

M-SEW6型电磁球阀是电磁铁操作的钢球式换向阀，用于控制油液的开启、停止和流动方向。该阀主要由阀体①、电磁铁②、阀座系统③和钢球④等组成，如图3-16所示。

电磁铁通电时，电磁铁②的作用力通过角式杠杆⑤和球⑥作用于推杆⑦上，此推杆两端封闭。两封闭之间的腔与P口相通。因此阀座系统③除承受操作力（电磁力和弹簧力）的小剩余面积外，几乎完全平衡，这种阀因此可在压力高达63 MPa的条件下使用。在初始位置时，球④被压缩弹簧⑧推向阀座系统③，在变换位置时，电磁铁②将其推离阀座系统③。必要时可用手动应急操作⑨。

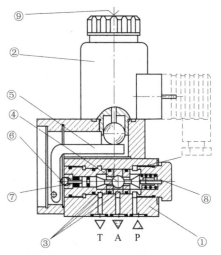

图3-16 M-SEW6型电磁球阀的结构

3.7.3 实验步骤

(1) 调节溢流阀使系统压力达到额定压力 2.5 MPa。

(2) 进入实验界面后单击"实验设置"按钮，选择"手动运行液压泵"模式控制（切换按钮 A 背景变为绿色），选择"电磁球阀开路"选项（切换按钮 A 背景变为绿色），如图 3-17 所示。

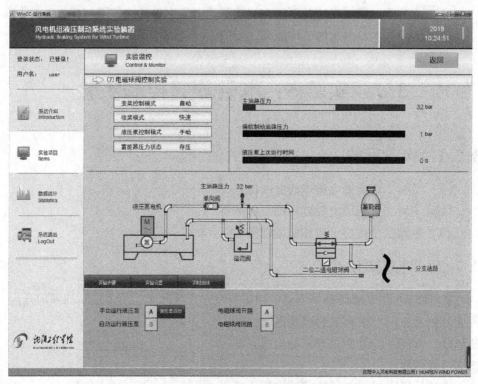

图 3-17 电磁球阀控制实验界面 (1)

(3) 按住"启动"按钮，使液压泵启动 5 s 给蓄能器蓄压。

(4) 在操作面板单击"高速轴制动"按钮，高速轴制动器制动。

(5) 在操作面板单击"高速轴释放"按钮，高速轴制动器释放。

(6) 选择"电磁球阀闭路"选项（切换按钮 B 背景变为绿色），如图 3-18 所示。电磁球阀得电，主油路压力表示数为 0，在操作面板单击"高速轴制动"和"高速轴释放"按钮，观察高速轴制动器的动作。

(7) 实验结束后选择"电磁球阀开路"选项（切换按钮 A 背景变为绿色）。

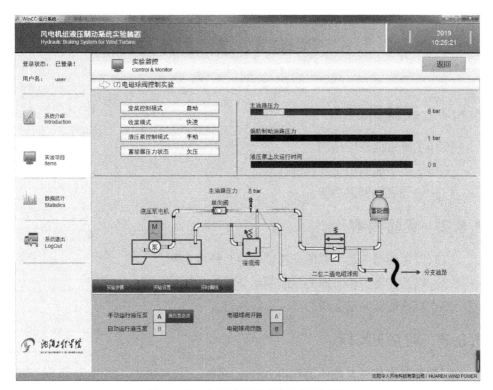

图 3-18　电磁球阀控制实验界面 (2)

3.7.4　实验报告

根据实验内容记录电磁球阀状态与制动器状态，如表 3-7 所示。

表 3-7　电磁球阀状态与制动器状态

启动按钮	电磁球阀状态	制动器状态	主油路压力/bar

3.7.5　思考题

(1) 电磁球阀开路/闭路对蓄能器有什么影响？
(2) 简述电磁球阀的工作原理。

3.8 实验6：蓄能器实验

3.8.1 实验目的

(1) 了解蓄能器的结构。
(2) 了解蓄能器的工作原理。
(3) 熟悉蓄能器的功能。

3.8.2 实验内容

(1) 以蓄能器为动力源的高速轴制动与释放实验；
(2) 以蓄能器为动力源的偏航制动与释放实验；
(3) 以蓄能器为动力源的变桨控制实验。

3.8.3 对应知识点

1. 蓄能器在液压系统中的作用

1）储存液压能

当液压系统的一个工作循环中不同阶段所需流量变化很大时，常采用蓄能器和一个流量较小的泵组成油源。若系统需要小流量，蓄能器将液压泵多余的流量储存起来；若系统短时间内需要大流量，蓄能器将储存的油液释放出来和液压泵一起向系统供油。另外，在液压泵停止向系统供油时，蓄能器把储存的压力油供给系统，补充系统泄漏或保持系统压力恒定，还可在液压泵源发生故障时作应急能源使用。

2）吸收压力冲击和压力脉动

在液压系统中，蓄能器用于吸收液流速度急剧变化（如换向阀突然换向、外负载突然停止运动等）时产生的冲击压力，使压力冲击的峰值降低；液压泵的流量脉动会引起负载运动速度的不均匀，还会引起压力脉动，故负载速度要求较均匀的系统要在泵的出口处安装相应的蓄能器，以提高系统工作的平稳性。

3）获得动态稳定性

在液压伺服系统中，蓄能器用于降低系统的固有频率、增大阻尼系数和提高稳定裕度，进而提高系统的动态稳定性。

2. 蓄能器的结构

实验台采用 NXQ 型囊式蓄能器作为辅助动力源，其结构如图 3-19 所示。

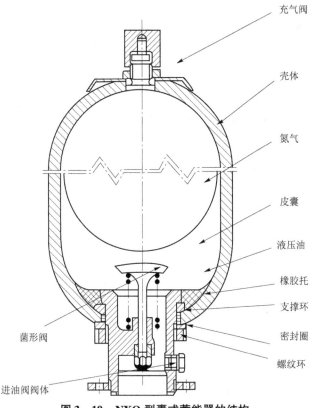

图 3-19　NXQ 型囊式蓄能器的结构

蓄能器壳体由胶囊将其分为两个腔室，胶囊内的腔室充氮气，胶囊外的腔室充油液。当液压泵将高压的液压油充入时，胶囊发生变形，胶囊内气体体积随压力的增加而减小，这样液压油储存在油液室。当液压系统需要压力油补充时，系统压力低于蓄能器所存储液压油的压力，液压油在气体膨胀压力的推动下，经进油阀排到液压系统中，直到压力降到与系统内压力相等为止。

3. 检查蓄能器充气压力的方法

在蓄能器的进油口和油箱间的油路上设置一个截止阀，并在截至阀前装上一个压力表。用液压泵向蓄能器注满油液，然后停止泵工作，慢慢打开截止阀，使压力油慢慢从蓄能器中流出。在排油过程中观察安装在蓄能器油口附近的压力表。压力表指针显示压力慢慢下降，当达到充气压力时，压力表指针迅速下降到零，压力迅速下降前的压力即充气压力。也可利用充气工具直接检查充气压力，但由于每次检查都要放掉一点气体,故其不适用于容量很小的蓄能器。

3.8.4 实验步骤

1. 以蓄能器为动力源的高速轴制动与释放实验

(1) 调节溢流阀,使系统压力达到额定压力 2.5MPa。

(2) 进入实验界面后单击"实验设置"按钮,选择"手动运行液压泵"模式控制(切换按钮 A 背景变为绿色),如图 3-20 所示。

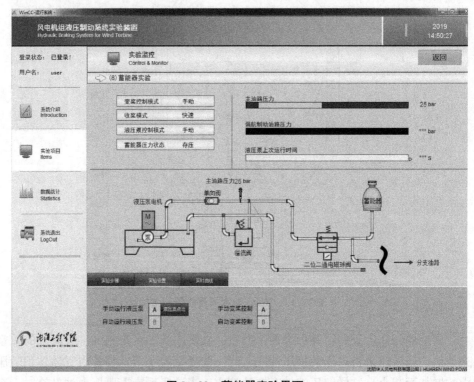

图 3-20 蓄能器实验界面

(3) 按住"启动"按钮,使液压泵启动 5 s 以给蓄能器蓄压。

(4) 在操作面板单击"高速轴制动"按钮,高速轴制动器制动。

(5) 在操作面板单击"高速轴释放"按钮,高速轴制动器释放。

(6) 重复第(4)步、第(5)步,观察主油路压力表压力变化,直到压力为 0,记录制动器动作次数。

2. 以蓄能器为动力源的偏航制动与释放实验

(1) 调节溢流阀,使系统压力达到额定压力 2.5 MPa。

（2）进入实验界面后单击"实验设置"按钮，选择"手动运行液压泵"模式控制（切换按钮 A 背景变为绿色）。

（3）按住"启动"按钮，使液压泵启动 5 s 以给蓄能器蓄压。

（4）在操作面板单击"偏航制动"按钮，偏航制动器制动。

（5）在操作面板单击"偏航释放"按钮，偏航制动器释放。

（6）重复第（4）步、第（5）步，观察主油路压力表压力变化，直到压力为 0，记录制动器动作次数。

3. 以蓄能器为动力源的变桨控制实验

（1）调节溢流阀，使系统压力达到 3 MPa。

（2）进入实验界面后单击"实验设置"按钮，选择"手动运行液压泵"模式控制（切换按钮 A 背景变为绿色）。按住"启动"按钮，液压泵会启动，主油路一直稳定在 3 MPa，保持 10 s。

（3）将变桨状态开关切换到"手动变桨"位置，单击操作面板上的"开桨"按钮或"关桨"按钮，变桨液压缸动作，直到系统主油路压力为 0。

3.8.5　实验报告

根据实验内容记录不同系统压力高速轴制动器、偏航制动器动作次数与变桨液压缸活塞杆位移，如表 3-8 所示。

表 3-8　实验数据

系统压力/MPa	高速轴制动器动作次数	偏航制动器动作次数	变桨液压缸活塞杆位移/mm

3.8.6　思考题

（1）蓄能器在系统中起什么作用？

（2）蓄能器内充气压力的大小对液压系统有哪些影响？

3.9　实验 7：压力继电器控制实验

3.9.1　实验目的

（1）了解压力继电器的结构。

(2) 了解压力继电器的工作原理。

(3) 熟悉压力继电器的功能。

3.9.2 对应知识点

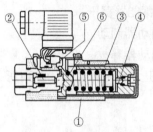

图 3-21 HED4 型压力继电器的结构

HED4 型压力继电器为柱塞压力继电器，结构如图 3-21 所示。其组成包括：壳体①、带柱塞②的插装件、弹簧③、调节件④和开关⑤。

被检测压力作用在柱塞②上，柱塞②顶在弹簧座⑥上，克服弹簧③的连续可变力。弹簧座⑥将柱塞②的移动传递给开关⑤，使电路按设计要求接通或断开。

3.9.3 实验步骤

(1) 调节溢流阀，使蓄能器蓄积压力稳定在 2.5 MPa 位置（在手动状态下启动液压泵，多次微调溢流阀）。

(2) 进入实验界面后单击"实验设置"按钮，选择"自动运行液压泵"模式控制（切换按钮 B 背景变为绿色），如图 3-22 所示。

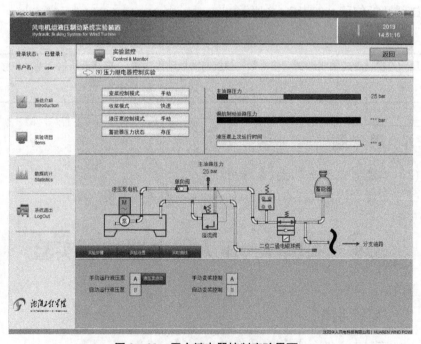

图 3-22 压力继电器控制实验界面

(3) 将变桨状态开关切换到"手动变桨控制"位置,单击操作面板上的"开桨"按钮或"关桨"按钮,液压泵启动,变桨液压缸动作,观察蓄能器欠压灯,灯熄灭电动机停止。

(4) 继续变桨动作,蓄能器欠压灯亮,液压泵电动机重新启动。

3.9.4 实验报告

(1) 根据实验记录系统压力与液压泵电动机启动状态,如表3-9所示。

表3-9 液压泵电动机启动状态

压力范围/MPa	蓄能器欠压灯状态	液压泵电动机启动状态

3.9.5 思考题

(1) 如何调节压力继电器的启动压力?

(2) 压力继电器启动压力的大小对液压泵电动机的启停有什么影响?

3.10 实验8:液压制动器实验

3.10.1 实验目的

(1) 了解液压制动器的结构。

(2) 了解液压制动器的工作原理。

(3) 熟悉液压制动器的功能。

3.10.2 实验内容

(1) 高速轴制动力矩的计算。

(2) 偏航制动力矩的计算。

3.10.3 对应知识点

风电机组液压制动器有单缸式制动器和双缸式制动器两种形式,如图3-23、图3-24所示。

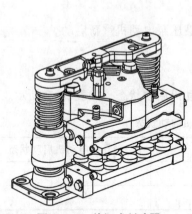
图3-23 单缸式制动器

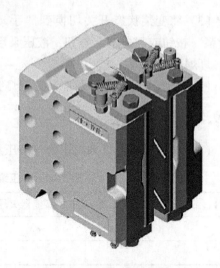
图3-24 双缸式制动器

本实验采用双缸式制动器。液压制动卡钳由两个半钳体对称安装组成,每个半钳体由一个缸体构成。缸体内有一个活塞,活塞上安装制动衬垫。通过改变液压缸压力实现制动力的改变,通过改变活塞行程实现制动器的制动与释放。制动器在额定负载下闭合时,制动衬垫与制动盘的贴合面积应不小于制动衬垫设计面积的50%;活塞应能压住尽量多的制动衬垫的面积,以免制动衬垫发生卷角而引起尖叫声。

高速轴制动力矩、偏航制动力矩的计算如下:

$$F_C = P \cdot A \tag{3-5}$$

$$F_B = F_C \cdot 2 \cdot \mu \tag{3-6}$$

$$M_B = a \cdot F_B \cdot L \tag{3-7}$$

其中,P 为工作压力,单位为 Pa;A 为活塞面积,单位为 m^2;F_C 为夹紧力,单位为 N;F_B 为制动力,单位为 N;μ 为摩擦系数,取 0.4;M_B 为制动力矩,单位为 $N \cdot m$;a 为制动盘上安装的制动器数量;L 为制动器制动力作用力臂,单位为 m。

备注:液压制动器缸体活塞直径为 25 mm。

3.10.4 实验步骤

分别执行高速轴制动、偏航制动,记录压力传感器压力,计算出高速轴制动力矩及偏航制动制动力矩。

(1) 调节溢流阀,使系统压力达到额定压力 2.5 MPa。

(2) 进入实验界面后单击"实验设置"按钮,选择"自动运行液压泵"模式控制（切换按钮 B 背景变为绿色），如图 3 – 25 所示。

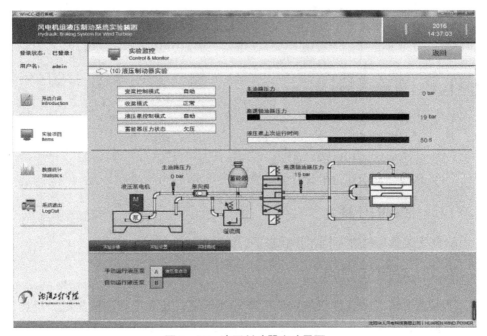

图 3 – 25　液压制动器实验界面

（3）在操作面板单击"高速轴制动"按钮，记录高速轴油路压力传感器示数。

（4）在操作面板单击"偏航制动"按钮，观察偏航油路压力传感器示数。

（5）计算高速轴制动力矩及偏航制动力矩。

3.10.5　实验报告

（1）根据实验记录数据计算高速轴制动力矩、偏航制动力矩，如表 3 – 10 所示。

表 3 – 10　制动力矩计算数据

启动按钮	压力/MPa	制动器作用力臂 L/m	制动力矩 M_B/(N·m)

3.10.6　思考题

风电机组中提高高速轴制动力矩、偏航制动力矩的方法有哪些？

3.11 实验9：变桨液压缸实验

3.11.1 实验目的

(1) 了解变桨液压缸的结构。
(2) 了解变桨液压缸的工作原理。
(3) 熟悉变桨液压缸的功能。
(4) 掌握差动液压缸的设计与计算。

3.11.2 实验内容

计算变桨液压缸在不同工作状态下的活塞杆推力 F。

3.11.3 对应知识点

实验台变桨液压缸为双作用单活塞杆液压缸，其为拉杆型液压缸，结构简单，制造和安装均较方便，缸筒是用内径经过珩磨的无缝钢管，端盖与活塞均为通用件。

如图3-26所示，当单活塞杆液压缸两腔同时通入压力油时，由于无杆腔的有效作用面积大于有杆腔的有效作用面积，活塞向右的作用力大于向左的作用力，因此活塞向右运动，活塞杆向外伸出，与此同时，将有杆腔中的油液挤出，使其进入无杆腔，从而加快了活塞杆的伸出速度。单活塞杆液压缸的这种连接方式称为差动连接。

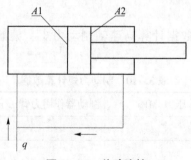

图3-26 差动连接

实验台变桨液压缸行程为200 mm，液压缸内径 $D=50$ mm，活塞杆直径 $d=35$ mm。

3.11.4 实验步骤

(1) 调节溢流阀，使系统压力达到 3 MPa。

(2) 进入实验界面后单击"实验设置"按钮，选择"自动运行液压泵"模式控制（切换按钮 B 背景变为绿色），如图 3-27 所示。

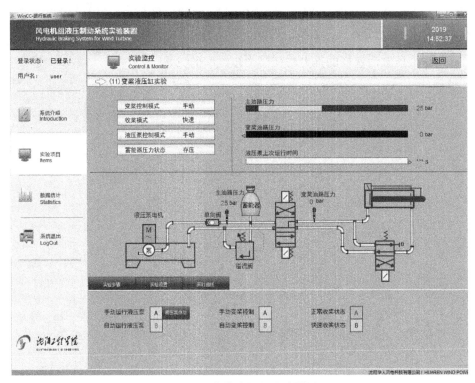

图 3-27 变桨液压缸实验界面

(3) 在操作面板单击"关桨"按钮，通过变桨压力传感器记录无杆腔压力。

(4) 在操作面板单击"开桨"按钮，通过主油路压力传感器记录有杆腔压力。

(5) 选择快速收桨状态（切换按钮 B 背景变为绿色），在操作面板单击"关桨"按钮，通过变桨压力传感器记录无杆腔压力。

(6) 计算变桨液压缸在不同工作状态下的活塞杆推力 F。

3.11.5 实验报告

根据实验记录数据计算关桨、开桨、快速收桨时液压缸活塞杆的推力 F，如

表 3-11 所示。

表 3-11 活塞杆推力计算数据

启动按钮	压力/MPa	活塞杆推力 F/N

3.11.6 思考题

讨论液压缸活塞杆的推力与变桨力矩之间的关系。

第 4 章

风电机组主控系统

4.1 概 述

主控系统主要由两个单元组成：操作台、电气控制柜。

操作台作为主控系统的人机交互平台，如图 4-1 所示，它为用户提供了操作面板和人机界面（HMI）。其中，操作面板包括按钮、档位旋钮、指示灯、数显表等器件，用户可以通过操作面板查看主控系统的基本状态，并进行简单操作。人机界面是连接可编程逻辑控制器（PLC）、变频器、直流调速器、仪表等工业控制设备，利用显示屏显示，通过输入单元（如显示屏、键盘、鼠标等）写入工作参数或输入操作命令，实现人与机器信息交互的数字设备。本主控系统的人机界面具备机组运行控制、机组参数设置、机组运行状态监控、机组报警、机组运行趋势图、机组数据记录等功能。同时，人机界面是完全开放的。

图 4-1 操作台

电气控制柜是主控系统的核心控制机构，如图4-2所示，其内部安装有操作面板、断路器、可编程逻辑控制器、变流器、驱动器、接触器、继电器、开关电源、电流互感器等器件，具备供/配电、继电保护、功率转换、信号采集、数据运算、逻辑控制等功能。

动力部件电气参数如表4-1所示。

图4-2　电气控制柜内部布局

表4-1　动力部件电气参数

名称	额定电压/V	额定电流/A	功率/kW
发电机	380	27.1	15
原动机、变频器	380	43	22
偏航电动机	380	2.85	1.1
液压电动机	380	3.7	1.5
变桨控制器	220	最大10	—

4.2　操作面板

实验人员对主控系统进行简单操作，同时查看实验台基本状态，主控系统的操作台配有一块操作面板。

1. 状态指示灯与按钮

状态指示灯与按钮如表 4-2 所示。

表 4-2 状态指示灯与按钮

名称	功能	图片
开桨指示灯	用于显示变桨系统在开桨时的状态，开桨时亮	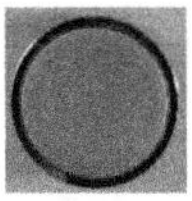
关桨指示灯	用于显示变桨系统在关桨时的状态，关桨时亮	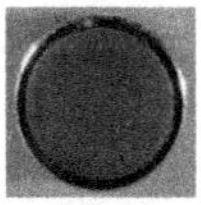
顺时针偏航指示灯	用于显示偏航系统顺时针运行时的偏航状态，顺时针偏航时亮	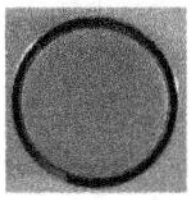
逆时针偏航指示灯	用于显示偏航系统逆时针偏航状态，逆时针偏航时亮	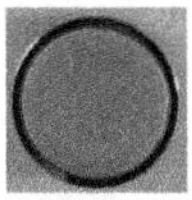
偏航制动状态指示灯	用于显示偏航制动器的制动状态，制动时亮	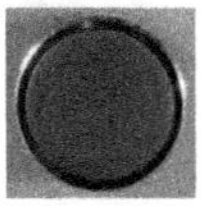
主轴状态指示灯	用于显示高速轴制动器的制动状态，制动时亮	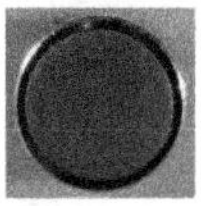
发电机状态指示灯	用于显示发电机的状态，发电时亮	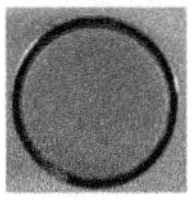
机组启动按钮	在自动运行状态下用于启动机组，按 3 s 以上启动	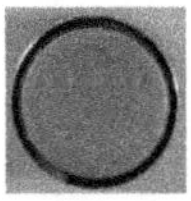
机组停止按钮	用于停止机组运行，按下即可停止	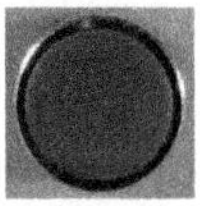
复位按钮	用于复位故障，按一下复位	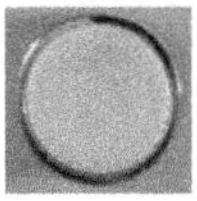

续表

名称	功能	图片
急停按钮	用于机组紧急停机，按下急停，需顺时针旋转拔出方可恢复	
手动开桨按钮	用于触发手动开桨，按一下可手动开桨	
手动关桨按钮	用于触发手动关桨，按一下可手动关桨	
原动机启动按钮	用于启动原动机，按一下可启动	
原动机停止按钮	用于停止原动机，按一下可停止	
发电机超速按钮	用于手动触发安全链中的发电机超速开关	
风轮超速按钮	用于手动触发安全链中的风轮超速开关	
振动超限按钮	用于手动触发安全链中的机舱振动开关	
扭缆超限按钮	用于手动触发安全链中的扭缆限位开关	
功率超限按钮	用于手动触发安全链中的超功率	
变桨急停按钮	用于手动触发安全链中的变桨急停继电器	

2. 旋钮开关

旋转开关如表 4-3 所示。

表 4-3 旋转开关

名称	功能	图片
运行模式切换开关	用于切换机组运行模式，手动运行（左）/自动运行（右）	
偏航模式切换开关	用于切换偏航系统运行模式，手动模式（左）/自动模式（右）	
偏航状态切换开关	用于切换偏航系统状态，正向偏航（左）/停止偏航（中）/反向偏航（右）	
液压油泵启停开关	调试时用于手动启动/停止液压油泵，启动（左）/停止（右）	
主轴制动器状态切换开关	用于切换主轴（高速轴）制动器状态，制动（左）/释放（右）	
偏航制动器状态切换开关	用于切换偏航制动器状态，制动（左）/释放（右）	
风速调节旋钮	用于改变实时风速，向右调节风速增大（范围：0~25 m/s）	

4.3 人机界面

4.3.1 软件介绍

WinCC 基本软件是西门子 SCADA 集成系统的核心。WinCC 基本软件、选件及附加件等组成部分，可以依据用户的特殊需求量身定制解决方案。WinCC 基本软件本身提供了强大、通用的过程可视化系统，该系统可以提供成熟人机界面的所有功能。

SIMATIC WinCC 的设计具有较高的开放度和集成能力，采用标准的技术和软件工具，包括基本技术、操作系统、通信方式，以及集成脚本功能，它们全部建立在开放性的基础上。

4.3.2 人机界面使用介绍

计算机开机后，自动显示登录界面（如图 4-3 所示），输入正确的用户名和密码后，即可进入主界面进行实验操作。登录完成自动进入系统主界面，在界面左上方任务栏中显示系统登录状态及登录所使用的用户名。

(1) 登录 ：在输入正确的用户名和密码后单击该按钮即可进入主界面；
(2) 重置 ：用于将用户名和密码清空；
(3) 退出程序 ：用于关闭界面返回 Windows 系统。

图 4-3 登录界面

进入主界面后自动弹出风场概览（如图 4-4 所示），在此界面中可以总览风场模型，单击"电站""电力通讯""风场控制""风场服务器""群控制器""气象站""风场通讯""风场控制"等按钮，会相应地弹出对应的简介和图片。

第 4 章 风电机组主控系统

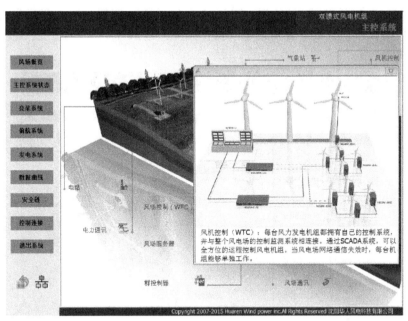

图 4-4 风场概览

勾选"主控系统状态"复选框，单击"主控系统状态"按钮，进入整机监控界面。在此界面可以观察系统运行状态，如图 4-5 所示。

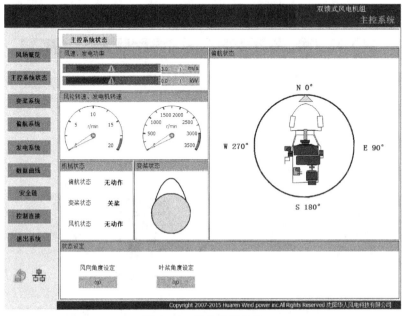

图 4-5 系统运行状态

勾选"变桨系统"复选框,单击"变桨系统"按钮,进入变桨实验界面,如图4-6所示。在此界面可以手动操作桨叶,包括开桨、关桨、设定特定角度(0°~90°)等。

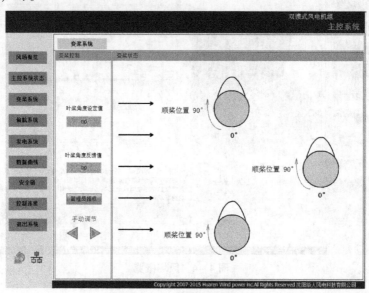

图4-6 变桨实验界面

勾选"偏航系统"复选框,单击"偏航系统"按钮,进入偏航实验界面,如图4-7所示。在此界面可以进行偏航控制、数据采集、零点校准等操作。

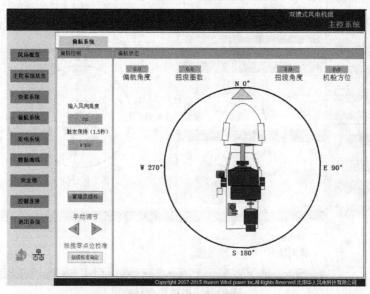

图4-7 偏航实验界面

勾选"发电系统"复选框,单击"发电系统"按钮,进入发电实验界面,如图 4-8 所示。调节操作台面板上的风速调节旋钮可以改变风速,从而调节发电量。

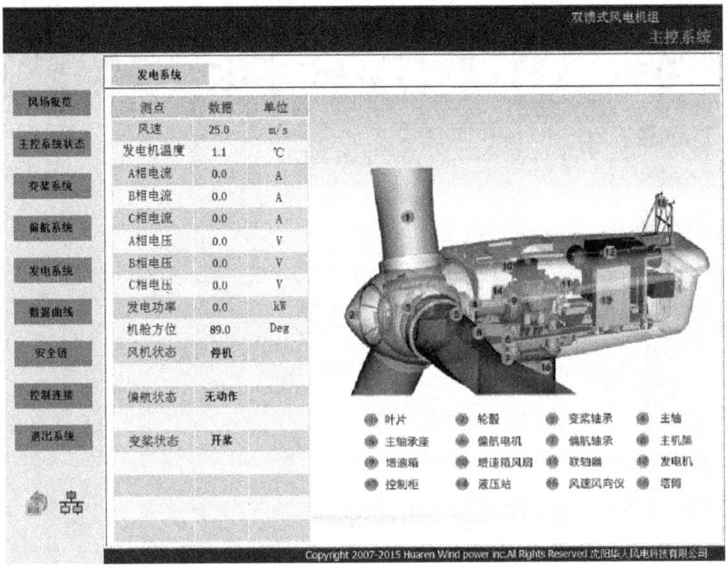

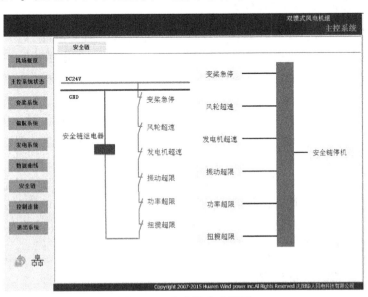

图 4-8　发电实验界面

勾选"安全链"复选框,单击"安全链"按钮,进入安全链实验界面,如图 4-9 所示。在此界面可以进行安全链触发实验。

图 4-9　安全链实验界面

勾选"控制连接"复选框，单击"控制连接"按钮，进入 WinCC 与 PLC 的连接状态显示界面，如图 4-10 所示，在 SIMATIC S7-1200、S7-1500 Channel 前段显示绿色"√"，表示连接成功，若变为红色"×"，表示连接失败。

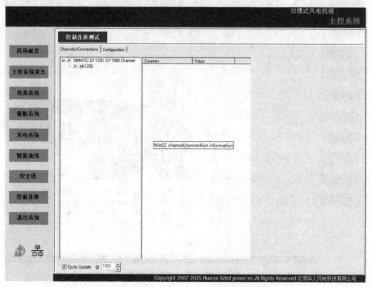

图 4-10　WinCC 与 PLC 的连接状态显示界面

4.3.3　柜体触摸屏功能

触摸屏设计有多个人机界面的功能画面，包括"启动条件""测点清单""公共报警""安全链停机""变桨系统""偏航系统""发电系统""报警记录"等画面，每种功能画面均有不同的功能选项，通过对各选项的操作可实现对主控系统运行的监控。

触摸屏可以监控主控系统所有模式（运行、维护）下的数据；在主控系统正常时可进行就地、远程控制；在主控系统运行过程中有超速、超限等保护机制；主控系统出现故障时，系统具有实时报警及安全链停机功能，画面能及时、准确地显示故障信息。另外，安全链停机时主控系统状态数据可以记录在画面中。在主要画面中，均有报警指示，绿色代表无报警，黄色闪烁代表有警告，黄色代表有报警停机，红色闪烁代表有安全链停机，而且随时可以进入报警画面，确保主控系统的可靠性、安全性。

4.3.4　柜体触摸屏界面

在主控系统供电后，柜体触摸屏直接点亮，进入启动条件界面，如图 4-11

所示，只有各项条件准备就绪才可进行主控系统启动，在此界面可以查看主控系统启动条件，包括叶桨角度、机舱方位、对风误差、发电机温度、发电机转速、原动机运行、安全链、急停按钮等。

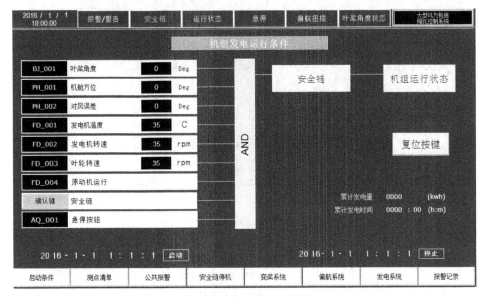

图 4-11　启动条件界面

主控系统准备就绪说明如下：

以上准备就绪条件的初始背景颜色为黄色。当条件满足工况要求时，背景颜色变为绿色，当上述条件均满足启动条件后，就绪条件的背景颜色变为绿色，此时屏幕上"主控系统不允许启动"指示变为"主控系统允许启动"，颜色由黄色变为绿色，在此状态下可以切换运行模式为自动，先按操作台的复位按键，再按住机组启动按钮 3 s 以上，机组可以正常启动运行。

单击"测点清单"按钮，进入测点查看界面，如图 4-12 所示。在此界面可以查看主控系统的所有重要数据（在"测点实时数据"栏里），以及设定警告报警范围（一般默认即可），当单击"1"按钮时会进入测点清单 1，如图 4-13 所示，测点清单 1 为测点清单的数据补充。

单击"公共报警"按钮，进入公共报警界面，如图 4-14 所示，在此界面可以查看警告状态、报警状态和辅助设备故障。在警告状态触发时主控系统仅有警告反馈，不会停机（提示操作员注意）。在报警状态触发时主控系统正常停机（安全链触发时快速停机）。辅助设备故障（原动机变频器的故障等）触发时，主控系统根据变频器故障等级判断是否停机及停机方式。

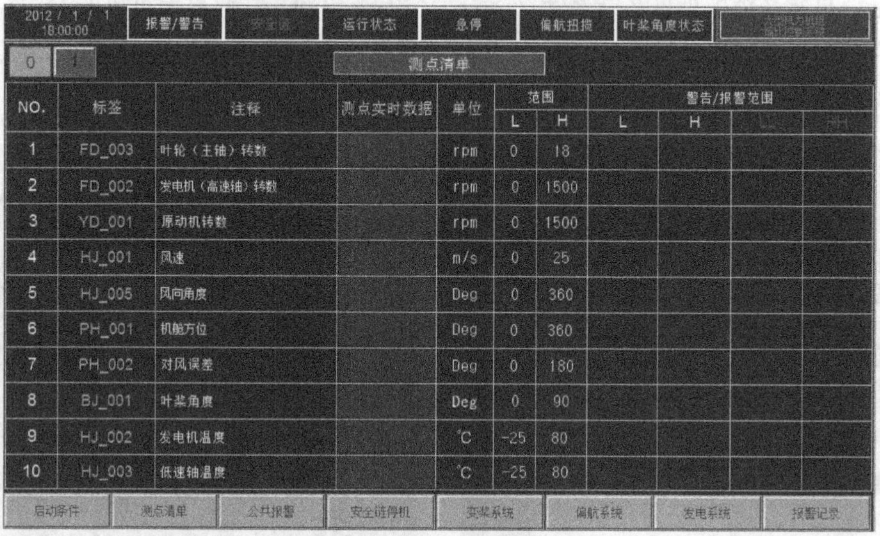

图 4-12 测点查看界面

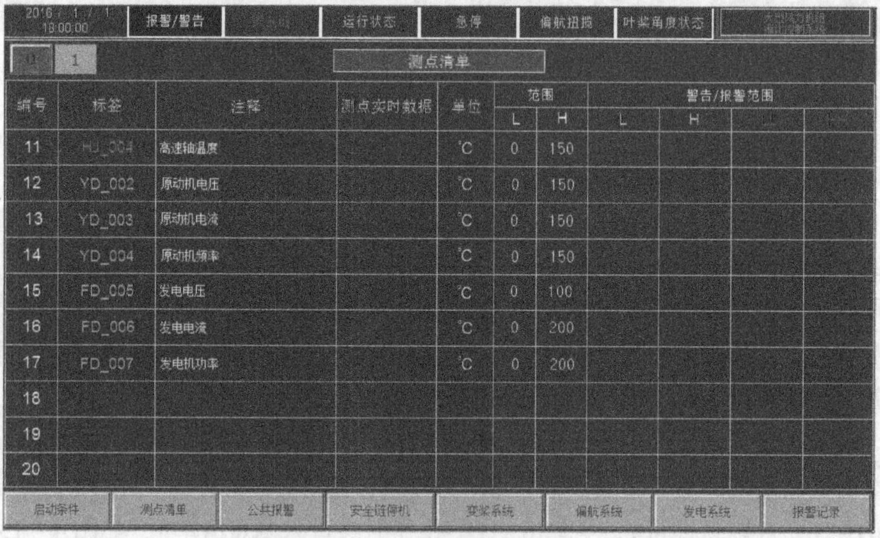

NO.	标签	注释	测点实时数据	单位	范围 L	范围 H	警告/报警范围 L	警告/报警范围 H		
1	FD_003	叶轮（主轴）转数		rpm	0	18				
2	FD_002	发电机（高速轴）转数		rpm	0	1500				
3	YD_001	原动机转数		rpm	0	1500				
4	HJ_001	风速		m/s	0	25				
5	HJ_005	风向角度		Deg	0	360				
6	PH_001	机舱方位		Deg	0	360				
7	PH_002	对风误差		Deg	0	180				
8	BJ_001	叶桨角度		Deg	0	90				
9	HJ_002	发电机温度		℃	-25	80				
10	HJ_003	低速轴温度		℃	-25	80				

图 4-13 测点清单 1 界面

编号	标签	注释	测点实时数据	单位	范围 L	范围 H	警告/报警范围 L	警告/报警范围 H		
11	HJ_004	高速轴温度		℃	0	150				
12	YD_002	原动机电压		℃	0	150				
13	YD_003	原动机电流		℃	0	150				
14	YD_004	原动机频率		℃	0	150				
15	FD_005	发电电压		℃	0	100				
16	FD_006	发电电流		℃	0	200				
17	FD_007	发电机功率		℃	0	200				
18										
19										
20										

当各项条件未达到警告值、报警值（即在正常工作值）时后方指示变为绿色，当有条件达到警告值时后方指示变为黄色闪烁，控制柜面板上公共报警指示灯闪烁，此时主控系统不停机。当其中任意一项达到报警值时后方指示变为黄色常亮，控制柜面板上公共报警指示灯常亮，此时主控系统正常停机，实时值达到

正常工作值 1 min 后按复位键。如果实时值达到警告值后又回到正常工作值，在公共报警指示灯下面显示警告确认键，此时按复位键或按操作台的复位按钮，公共警告指示灯变为绿色。

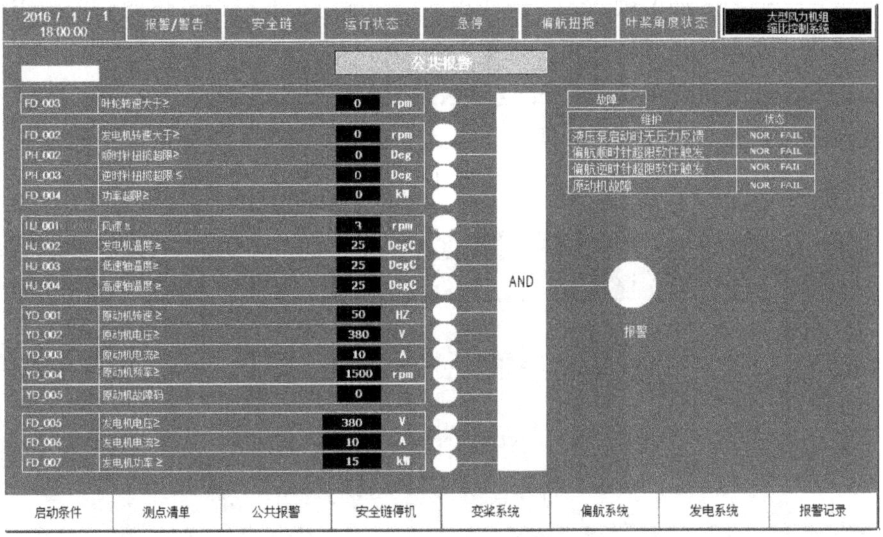

图 4-14　公共报警界面

单击"安全链停机"按钮，进入安全链停机界面，如图 4-15 所示，在此界面可以观察安全链触发状态及进行处理操作。

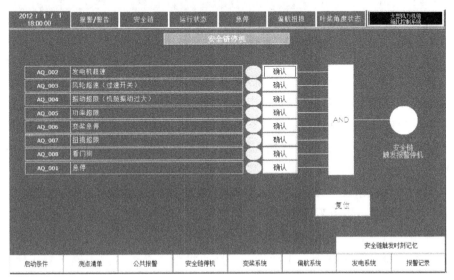

图 4-15　安全链停机界面

没有发生安全链触发时，指示状态为绿色，当发生某一项安全链触发时，指示状态变为红色，控制柜面板上安全链指示灯变亮，并且使变桨迅速变换到顺桨位置，使原动机快速停车。这时需要判断安全链触发的原因并分析处理，之后按下发生安全链触发项的确认键，前面指示灯为绿色，此时按复位键或按操作台的复位按钮，安全链指示灯才可以熄灭。

在安全链停机界面单击"安全链触发时刻记忆"按钮，进入安全链触发时刻测点记录界面，如图4-16所示。在此界面可以记录主控系统上次触发安全链时刻的重要测点状态及数据，并在表格上方记录上次安全链触发的时间。

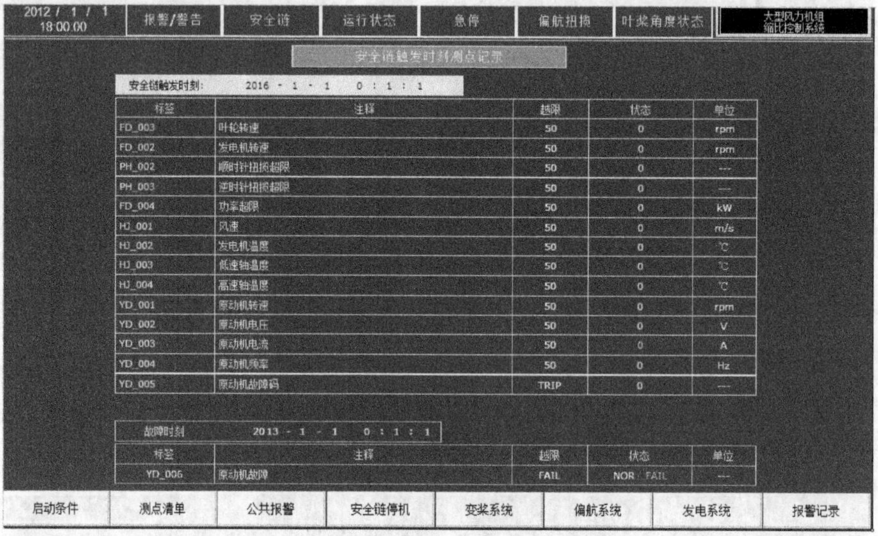

图4-16 安全链触发时刻测点记录界面

单击"变桨系统"按钮，进入变桨系统界面，如图4-17所示，在此界面可以查看变桨状态、叶桨角度以及设定变桨PID等。

变桨控制有两种状态：手动状态与自动状态（操作台运行模式的切换旋钮控制）。在自动状态下，叶桨角度由控制系统根据机组状态及风速来改变。在手动状态下，按面板上的开桨按钮、关桨按钮来调节叶桨角度。

单击"偏航系统"按钮，进入偏航系统&偏航制动系统界面，如图4-18所示，在此界面可以查看偏航状态、偏航角度、扭揽角度、偏航液压制动状态、液压油路压力、上一次泵压时间等。

偏航控制有两种状态：手动状态与自动状态（操作台偏航模式的切换旋钮控制）。

第 4 章 风电机组主控系统 133

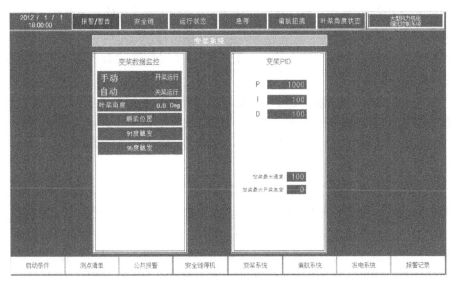

图 4-17 变桨系统界面

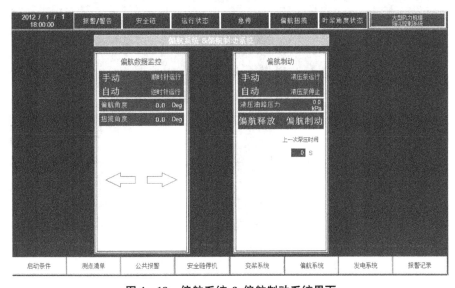

图 4-18 偏航系统 & 偏航制动系统界面

在偏航手动状态下，旋动操作台上的偏航控制切换旋钮（3 种状态：顺时、停止、逆时），顺时档时偏航电动机顺时针运行，逆时档时偏航电动机逆时针运行。

在偏航自动状态下，在操作台人机界面中输出风向，偏航电动机根据对风误差（机舱方位与风向方向差）判断行进方向后运行，直到对风误差在±6°以内，完成自动跟风功能。

偏航液压制动控制有两种状态：手动状态（运行模式为手动）与自动状态（运行模式为自动）。

在手动状态下，偏航电动机控制与偏航制动器控制是互锁状态，在偏航电动机运行时无法制动偏航制动器，在偏航制动器制动时偏航电动机也无法运行，只有在偏航电动机停止运行时，才可以使偏航制动器制动，在偏航制动器释放时，才可以运行偏航电动机。

在自动状态下，操作台面板上的偏航制动控制无法操作偏航制动器，偏航制动器在偏航电动机运行前1 s释放，偏航制动器在偏航电动机停止1 s后制动。

单击"发电系统"按钮，进入发电系统&高速轴制动系统界面，如图4-19所示，在此界面可以查看发电电流、发电电压、发电功率等信息，还可以查看液压制动状态、液压油路压力、上一次泵压时间等。

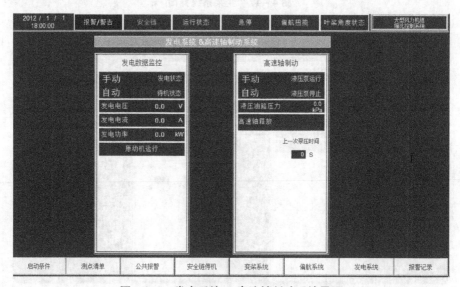

图4-19　发电系统&高速轴制动系统界面

主轴制动控制仅有一种模式，在主轴停机时刻（主轴与主轴制动器互锁），在操作台面板上主轴制动控制旋钮切换到制动，主轴制动器处于制动状态，当操作台面板上主轴制动控制旋钮切换到释放时，主轴制动器处于释放状态。

单击"报警记录"按钮，进入报警记录界面，如图4-20所示，在此界面可以查看历史发生的报警，以及报警时的报警对象、报警类型、报警事件、当前值、界限值等。

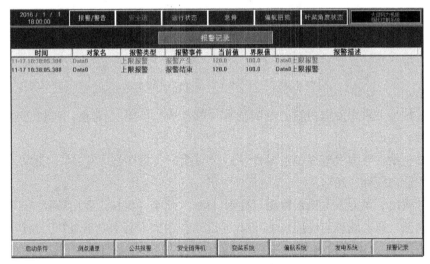

图 4-20 报警记录界面

参 考 文 献

[1] 叶杭冶. 风力发电机组的控制技术（第3版）[M]. 北京：机械工业出版社，2015.
[2] 叶杭冶. 风力发电系统的设计、运行与维护（第2版）[M]. 北京：电子工业出版社，2014.
[3] 叶杭冶. 风力发电机组检测与控制 [M]. 北京：机械工业出版社，2012.
[4] 关新. 风电原理与应用技术 [M]. 北京：中国水利水电出版社，2017.
[5] 任清晨. 风力发电机组安装·运行·维护 [M]. 北京：机械工业出版社，2010.
[6] 刘万琨. 风能与风力发电技术 [M]. 北京：化学工业出版社，2008.
[7] 何显富，等. 风力机设计、制造与运行 [M]. 北京：化学工业出版社，2009.
[8] 霍志红，等. 风力发电机组控制技术 [M]. 北京：中国水利水电出版社，2010.